JN024407

鉱物きらら手帖

さとうかよこ

廣済堂出版

2

見るたびに違う姿と出合う。
あなただけのとっておきを見つけよう

鉱物が好きです。きれいで、美味しそうで、枯れたり死んだりしないから。それに、まるで芸術家が作ったような形だったり、眺める角度によって色が違って見えたり、結晶の中に虹が出たり、銀河のような煌めきが内包されていたり。

　今、てのひらの上にあるひんやりとした鉱物標本を光にかざすと、オーロラのような色のカーテンが出現します。ブラックライトを当てると、とても青く輝きます。温かい光を落とす電灯の下では、赤紫色に変化します。のぞき込むと透明度の高い結晶の奥に、海底風景のような母岩が見えます。明るい窓辺に置いてみると、深い森にある湖のような色の揺らめく影を落とします。びんや試験管に入れるととても美味しそうに見えます。

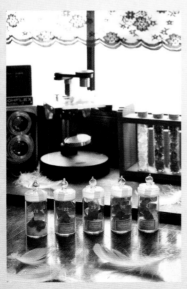

秤量びんに入れられたビンガム産八面体蛍石

結晶の形は鉱物によってだいたい決まっています。結晶構造によってそういう形になるのです。これを自形結晶といいます。色は均一ではなく、結晶の縁がとくに濃かったり、青の上に紫色が成長していたりするので、眺める角度によってニュアンスが変わります。結晶の透明度が高く、内部にクラック（わずかなひび）があると虹色に見えます。結晶の中で煌めく銀河は、違う鉱物が入っているためで、その違う鉱物のことをインクルージョンといいます。

虹色に見える結晶

少しずつ鉱物のことを知りながら、お気に入りを探してみましょう。とっておきに出合えたら、ラベルを作ったり、お菓子の箱や薬びんに入れて飾ってみます。部屋に置かれた標本は不思議な存在感で周囲の空気さえもきっと変えることでしょう。

鉱物きらら手帖 もくじ

アタカマ石
Atacamite
12

アルチニ石
Artinite
14

硫黄
Sulfur
16

異極鉱
Hemimorphite
18

雲母
Mica
20

黄玉
Topaz
24

黄鉄鉱
Pyrite
26

黄銅鉱
Chalcopyrite
30

オーケン石
Okenite
32

海王石
Neptunite
34

灰簾石
Zoisite
36

カバンシ石、ペンタゴン石
Cavansite, Pentagonite
38

岩塩
Halite
40

魚眼石
Apophyllite
42

金
Gold
44

銀
Silver
46

菫青石
Cordierite
48

孔雀石
Malachite
52

鋼玉
Corundum
56

金剛石
Diamond
58

柘榴石
Garnet
64

十字石
Staurolite
68

重晶石
Barite
70

シュンガ石
Shungite
72

辰砂
Cinnabar
74

水晶（石英）
Quartz
76

翠銅鉱
Dioptase
82

青針銅鉱
Cyanotrichite
84

石黄
Orpiment
86

石膏
Gypsum
88

閃亜鉛鉱
Sphalerite
92

尖晶石
Spinel
94

蒼鉛
Bismuth
96

ソーダ珪灰石
Pectolite
100

蛋白石
Opal
102

胆礬
Chalcanthite
104

電気石
Tourmaline
106

天青石
Celestite
108

銅
Copper
110

トルコ石
Turquoise
112

南極石
Antarcticite
114

バナジン鉛鉱
Vanadinite
118

✎Column

この本の読み方

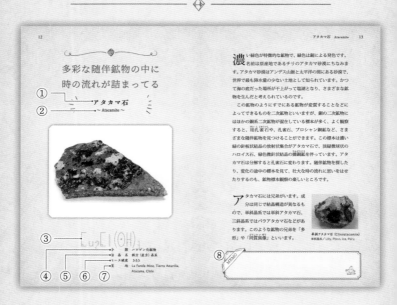

① 和名

　本書では和名あいうえお順で鉱物を紹介しています。英名のほうが一般的なものは和名の後に英名カタカナ読みをつけています。

　また、元素鉱物は「自然」をつけて自然銀、自然硫黄などと呼ぶ場合もありますが、本書では元素名で掲載しています。

② 英名

　ミネラルショーなどではラベルが英語で書かれる場合が多いため、アルファベットで表記しています。

③ 化学組成式

鉱物を構成する成分を元素記号（156 ページ）で示したものです。表記は図鑑や研究者によってバラつきがあって、どれが正しいというわけではありません。イオン価数は省略しています。

④ 分類

化学組成に基づいた鉱物の分類です。今回はシュツルンツ分類を採用しました。なお、この本では本来なら鉱物の定義に含まれない、蛋白石（オパール）やシュンガ石など、一部非晶質（結晶ではない）のものも紹介しています。

⑤ 結晶系

結晶軸の長さと数、交わる角度などによって結晶を分類したものです。詳しくは次のページをご覧ください。

⑥ モース硬度

硬さの尺度の1つ。1が最もやわらかく、10が最も硬くなります。

⑦ 産地

同じページに掲載した写真の鉱物の産地を記載。ラベルなどで英語表記の場合が多いので、ここも英語で紹介しています。

⑧ メモ欄

自分で実際に鉱物と出合ったら、気づいたことやどこで購入したかなどを記しておきましょう！　自分だけの鉱物手帖ができますように。

※152ページ〜の「鉱物を知るための基本用語集」もご覧ください。

代表的な結晶系

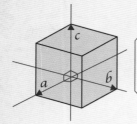

等軸晶系

結 晶 軸	3本
結晶軸の長さ	3本とも同じ
交 差 角 度	3本が90°に交わる

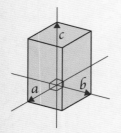

正方晶系

結 晶 軸	3本
結晶軸の長さ	3本のうち2本が同じ長さで1本が異なる
交 差 角 度	3本が90°に交わる

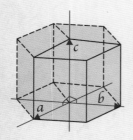

六方晶系

結 晶 軸	4本
結晶軸の長さ	4本のうち3本は同じ長さで同一平面上にあり、1本のみ異なる
交 差 角 度	3本が互いに120°で同一平面上で交わり、残りの1本が90°で交わる

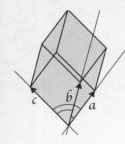

▌三方晶系

結　晶　軸　　3本
結晶軸の長さ　3本とも異なる
交　差　角　度　3つの角度がすべて90°では
　　　　　　　ない（鋭角がそれぞれ交わる）

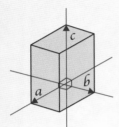

▌斜方（直方）晶系

結　晶　軸　　3本
結晶軸の長さ　3本とも異なる
交　差　角　度　3本が90°に交わる

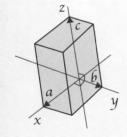

▌単斜晶系

結　晶　軸　　3本
結晶軸の長さ　3本とも異なる
交　差　角　度　3つのうち2つは90°で、1つ
　　　　　　　は90°ではない

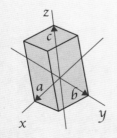

▌三斜晶系

結　晶　軸　　3本
結晶軸の長さ　3本とも異なる
交　差　角　度　3つの角度がすべて90°では
　　　　　　　ない（鋭角がそれぞれ交わる）

多彩な随伴鉱物の中に
時の流れが詰まってる

アタカマ石
～ Atacamite ～

$Cu_2Cl(OH)_3$

分　類　ハロゲン化鉱物
結晶系　斜方（直方）晶系
モース硬度　3-3.5
産　地　La Farola Mine, Tierra Amarilla,
　　　　Atacama, Chile

濃い緑色が特徴的な鉱物で、緑色は銅による発色です。名前は原産地であるチリのアタカマ砂漠にちなみます。アタカマ砂漠はアンデス山脈と太平洋の間にある砂漠で、世界で最も降水量の少ない土地として知られています。かつて海の底だった場所が干上がって塩湖となり、さまざまな鉱物を生んだと考えられているのです。

　この鉱物のようにすでにある鉱物が変質することなどによってできるものを二次鉱物といいますが、銅の二次鉱物にはほかの銅系二次鉱物が混在している標本が多く、よく観察すると、珪孔雀石や、孔雀石、ブロシャン銅鉱など、さまざまな随伴鉱物を見つけることができます。この標本は濃い緑の針板状結晶の放射状集合がアタカマ石で、淡緑微球状のハロイス石、緑色微針状結晶の燐銅鉱を伴っています。アタカマ石は分解すると孔雀石に変わります。随伴鉱物を探したり、変化の途中の標本を見て、壮大な時の流れに思いをはせたりするのも、鉱物標本観察の楽しいところです。

アタカマ石には兄弟がいます。成分は同じで結晶構造が異なるもので、単斜晶系では単斜アタカマ石、三斜晶系ではパラアタカマ石などがあります。このような鉱物の兄弟を「多形」や「同質異像」といいます。

単斜アタカマ石（Clinoatacamite）
単斜晶系／ Lilly, Pisco, Ica, Peru

絹糸でできた
花のオブジェのよう

アルチニ石
〜 Artinite 〜

$$Mg_2(CO_3)(OH)_2 \cdot 3H_2O$$

分　　類	炭酸塩鉱物
結 晶 系	単斜晶系
モース硬度	2.5
産　　地	Clear Creek Mine, San Benito County, California, U.S.A.

鉱物標本を蒐集していくと、自分の好みがだんだんと見えてきます。最初は、きれいとかかわいいとか、光るとか、なんとなく選んで購入していても、ある時、いくつかの傾向があることに気づくのです。私の場合、その傾向の一つがふわふわしているように見えること。ふわふわ代表はオーケン石ですが、このアルチニ石と水苦土石も、ふわふわしているように見える鉱物です。しかし、触ってみると残念ながら実際にはふわふわではありません。

2つはマグネシウムと空気中の炭酸ガス、水が結合してできたもので、化学組成もよく似ています。成分は同じだけどそれぞれの割合がほんの少しだけ異なっています。それだけで別の鉱物とされます。

　どちらの鉱物も細い針状結晶が放射状に集合していて、母岩に咲いた花のように見えます。絹糸のような光沢を持ち、角度を工夫するとキラキラと輝く凍った結晶のような写真も撮れます。

水苦土石 (Hydromagnesite)
3.5 / Staten Island, New York City, New York, U.S.A.

MEMO

火山の働きで生まれた
鮮やかな黄色

硫黄
（いおう）
~ Sulfur ~

分　　　類　元素鉱物
結 晶 系　斜方（直方）晶系
モース硬度　1.5-2.5
産　　　地　Cozzodisi Mine, Agrigento, Sicily,
　　　　　　Italy

多くの鉱物はマグマから生まれますが、硫黄は火山性ガスが噴気する場所で結晶します。火山の噴気孔でゆっくり成長すると透明で大きな結晶に育ちます。大きくて美しい硫黄の結晶はイタリアのシチリア島のものが有名です。

　硫黄の標本を集める時のおすすめが、このイタリアのもの。次いでボリビアやロシアの鮮やかな黄色の標本も標本箱に花を添えます。随伴鉱物との組み合わせが美しいものはポーランドの天青石を伴ったもの。

日本も火山国なのでさまざまな土地で硫黄を見ることができます。とくに面白いものは、北海道大場沼の中空球状硫黄です。沼底から二酸化硫黄を含む約 120 ℃の高温ガスが噴気し、気泡が湯面に昇ってきては弾けて消える沼の様子は地獄の窯のようです。

　硫黄は火山の噴火口付近や火山岩の隙間にできますが、大場沼の硫黄は、浮き上がるガスに含まれたものが冷えて固まってできます。そのため、空気を内包したまま固まって中空となっているのです。まるで浮き球のような硫黄の球が水面を漂う様子も観察できます。

割ってみると中は空洞です
中空球状硫黄／北海道登別市登別温泉町(大場沼)

産地によって形が違う
並べて見るとますます不思議

異極鉱
～Hemimorphite～

$$Zn_4Si_2O_7(OH)_2 \cdot H_2O$$

分　　類　珪酸塩鉱物
結 晶 系　斜方（直方）晶系
モース硬度　4.5-5
産　　地　Ojuela Mine, Mapimi Durango,
　　　　　Mexico
　　　　　Yunnan, China

結晶の両極で形が異なるため、異極鉱と名づけられました。片方が山形で、反対側は平らなのです。母岩から結晶が生えているので1つの結晶の両端を見ることはできませんが、結晶はまとまってたくさん生えているので、それぞれの先端をルーペで観察すると異なる形をしているものを見つけることができるでしょう。両極で形が異なる結晶のことを異極晶といいます。異極鉱以外では電気石（106ページ）があります。異極晶の鉱物は加熱したり加圧すると電気を帯びるという性質があります。

異極鉱は亜鉛鉱山で二次的な鉱物としてできます。雨や風化で亜鉛が酸化してできる二次鉱物です。半透明～白色の光沢のある結晶の標本のほかに、青色のものもあり、その多くは中国産やイタリア産です。青色の原因は不純物として含まれる銅イオンです。青色のものは自形結晶の異極晶ではなく、葡萄状や皮殻状で、両方を並べてみると同じ鉱物とは思えません。できれば、両方の標本を入手して並べてみてください。どちらも同じ鉱物なのだと頭ではわかっていても、別物にしか見えません。

結晶先端の形が異なっているのがわかります

二つの結晶が作り出した
飴細工のような星々

雲母（うんも）
~ Mica ~

$KAl_2(AlSi_3)O_{10}(OH)_2$

白雲母（星形）　Muscovite (Star Mica)
分　　類　珪酸塩鉱物
結 晶 系　単斜晶系
モース硬度　2.5-3
産　　地　Minas Gerais, Brazil

雲母。中国で生まれた名前です。日本語読みでは「きらら」となります。私のお店の名前「きらら舎」も雲母から名づけました。雲母は鉱物の名前ではなくグループの総称です。さまざまな雲母がありますが、ここでは主要なものを紹介します。

白雲母は白とついていても実際には金色や銀色のものが多く、褐色で色が濃いものまであります。中でもおすすめが星型白雲母。鉱物としてはMuscoviteですが、Star Micaと書かれたラベルが添えられていることが多いようです。星型をした鉱物のほとんどは双晶

白雲母。左の星型白雲母と産地は同じですが、結晶の形が異なります

によるもので、2つの結晶が星型を作り出しています。

黒雲母として販売されているものも多くありますが、実際には独立種ではなく、金雲母と鉄雲母との中間の成分を持っています。このように中間的な成分のものを鉱物学では固溶体といいます。黒雲母は鉄とマグネシウムを連続的比率で含み、マグネシウムをほとんど含まないものが鉄雲母、鉄をほとんど含まないものが金雲母です。黒雲母は宮澤賢治の『楢

ノ木大学士の野宿』に登場します。物語の中で黒雲母はバイ
オタさんと擬人化されていて、お腹が痛いとキシキシ泣きま
す。医者役のプラヂョさん（プラヂオクレース）は「蛭石病
の初期ですね」と診断します。鉱物を知っていることで、こ
の物語は断然面白くなります。黒雲母は風化して金色の蛭石
に変化するからです。物語の中のバイオタさんこと黒雲母は、
まさに風化が進んでいる最中ということになります。

雲母は珪酸塩の薄い層がカリウムイオンをいわば接着
剤としてくっついている状態なのですが、『楢ノ木大
学士の野宿』に出てきた蛭石病の蛭石とはこのカリウムが水
の分子に置き換わったものです。黒雲母が風化することでで
きます。加熱すると、水の分子は水蒸気に変わり体積が増え
るので、蛭石はまさに蛭のようにニョロニョロと伸びます。

①蛭石を茶こしに入れます

②直火に当てます

③ニョロニョロと伸びてきます！

　のほかではリチア雲母がきれいなのでおすすめです。
ただし、これもまた独立した鉱物種ではありません。
トリリチオ雲母とポリリチオ雲母の間の系列名です。しかし、
両端（端成分といいます）の鉱物名ではなく、リチア雲母の
名前で流通していることがほとんどです。リチウムを含むの
でピンク色が美しく、バイカラーのものもあります。

　雲母は薄く剥がすことができます。計算上 1nm（1mmの
100万分の1）の厚さにまで剥がせます。さすがにカッター
だけでそこまで薄くすることはできないかと思いますが、あ
る程度薄くした雲母を偏光板ではさんで見てみると、ほぼ単
一だった破片の上に色とりどりの光が浮かんでいるのを観察
できます。

バイカラーのリチア雲母（Lepidolite）　$K(Li,Al)_3(AlSi_3O_{10})(OH,F)_2$ ／ Brazil

長く光を当てると
失われてしまう儚い色

黄玉
～Topaz～

$$Al_2SiO_4(F,OH)_2$$

分　　類　珪酸塩鉱物
結　晶　系　斜方（直方）晶系
モース硬度　8
産　　地　Thomas Range, Juab County, Utah,
　　　　　U.S.A.

ト パーズと聞くと、高村光太郎の詩集『智恵子抄』の中の「レモン哀歌」を思い出します。智恵子がレモンをかじり「トパアズいろの香気が立つ」場面がスローモーションのように浮かぶのです。

　トパーズの代表的な色というと何色でしょうか。有名なのはインペリアルトパーズで、赤褐色からオレンジ色です。また流通量も多くトパーズの産地として有名なトーマスレンジ産は、レンゲハチミツのような色をしています。

な おトパーズには2つの種類があります。化学式でカッコにFとOHが並列して書かれていますが、このどちらを持っているかで種類が分かれます。Fを持っているタイプのほうが産出量が多く、透明、茶褐色、淡い青色など、流通してるもののほとんどを占めます。Fタイプのトパーズは光に長く当たると退色してしまう性質があります。そのため、加熱や放射線で色が変えられていることがあり、とくにブルートパーズとして流通しているもののほとんどは、透明なものに放射線を当てて青くしたものです。天然のブルートパーズは青色がとても淡く、光に当てているとさらに色が消えてしまうので、出合う機会は少ないでしょう。

　一方OHタイプのトパーズは光を当てても色あせることがありません。ブラジルだけで産出する赤みを帯びたインペリアルトパーズはこのタイプです。

一見「金」みたい？
結晶がとってもカッコいい！

おうてっこう
黄鉄鉱
〜 Pyrite 〜

分　　類　硫化鉱物
結　晶　系　等軸晶系
モース硬度　6-6.5
産　　地　Spain

黄鉄鉱には「猫の金」とか「愚か者の金」という別名があります。なんとも不名誉な名前です。黄鉄鉱にしてみれば、「人間が勝手に間違えたんじゃないか！」「金より黄鉄鉱のほうが結晶はカッコいいんだぞ！」という言い分がありそうですが……。

　黄鉄鉱は等軸晶系に分類されます。等軸晶系の鉱物は縦横がほぼ等しい、立方体（六面体）、八面体、十二面体、二十面体などコロンとした形に結晶します。

　左ページのスペイン産の立方体の結晶はまるでナイフで切り出したような形をしています。白っぽい滑石質の粘土に結晶がくっついている標本です。

　母岩がついていない分離結晶も多く流通しています。分離結晶の中にはシンプルな六面体のものだけではなく、もう1つの立方体の角が斜めに飛び出しているようなものもあり、これは双晶です。六面体と同様に、十二面体にも結晶しやすく、1つの面は五角形をしているので五角十二面体と呼ばれます。

十二面体結晶

　黄鉄鉱の八面体は比較的、産出量が少ないのですが、アメリカのインディアナ州インディアナポリスの黄鉄鉱（次ページ左下）は、結晶の形が八面体

をしています。頁岩という堆積岩の一種の中でほかの鉱物に
邪魔されることなく成長をしたため、球状をしています。中
国でも球状の標本が産出されます。球状でも、表面をルーペ
で観察すると四角い結晶が集合していることがわかります。

　中国では、研磨して球状にしたものも作られています。天
然の黄鉄鉱球とは、表面に結晶があるか、ピカピカかどうか
で容易に判別できますが、何よりも研磨されたもののほうが
明らかに高額なのですぐにわかります。

　　ア　メリカのイリノイ州では円盤のような形の黄鉄鉱が産
　　　　出され、パイライトサンと呼ばれています。頁岩の隙
間で育ったので、2D方向には比較的自由に成長して丸く

球状に成長した黄鉄鉱の結晶
Indianapolis, Indiana, U.S.A.

パイライトサン
Illinois, U.S.A.

なったのですが、隙間にあったので平べったいのです。すべて炭鉱の地下100mで見つかりました。そしてそれらの炭鉱はみな閉山されてしまっています。一般的な鉱山では、閉山後も周辺や入口付近で鉱物を採集することができますが、パイライトサンだけは地下100mにまで潜らねばならないためそれはかなわず、現在流通しているのは、過去に採集されたものだけということになります。

最後に黄鉄鉱になったアンモナイトを紹介します。硫化水素に富んだ酸素の少ない海底で、アンモナイトの殻の石灰成分が長い年月をかけて硫化水素や海水と反応して黄鉄鉱に置換されたものです。内部が見

黄鉄鉱化したアンモナイト

えるように研磨されて販売されていることが多く、まるで金属細工のようです。

　黄鉄鉱は錆びやすいので、水気を避け、できるだけ手で直に触らないようにしましょう。光沢がなくなってきたら、金属磨き用の布で拭くと輝きが戻ります。

派手なメイクのほうが
素顔より人気

おうどうこう
黄銅鉱
～ Chalcopyrite ～

分　　類　硫化鉱物
結 晶 系　正方晶系
モース硬度　3.5-4
産　　地　Mexico

注）酸で表面処理されています

本来の標本は金色に輝く結晶または塊状で、黄鉄鉱にとてもよく似ています。しかし、黄鉄鉱よりも変色しやすいため、ぴかぴかのきれいな結晶にはあまり出合えません。本来の標本が地味すぎるためか、最近は加工を施され、ピーコックオアと呼ばれるメタリックカラーになった黄銅鉱が多く出回っています。

以前、ピーコックオアと言えば斑銅鉱(はんどうこう)の別名でした。斑銅鉱の本来の色は赤みを帯びた金色で、この色は塊状のものを割った面で確認ができます。空気に触れていると短期間で緑、赤紫、青色の混ざった孔雀(くじゃく)の羽根のような虹色に変化し、その色からこの虹色が顕著な標本をとくにピーコックオア(孔雀鉱)という別名で呼んでいたのです。

　しかし、現在、ピーコックオアというとほとんどが酸で表面を処理された黄銅鉱のことです。加工された鉱物は価値が下がるイメージがありますが、黄銅鉱は酸で表面処理されたもののほうが人気があるようです。入手する場合は、ピーコックオアだけでなく、きちんと黄銅鉱と書かれたものを選びましょう。価格はさほど高くなく小さな欠片も多いので、割って黄銅鉱の本来の色を確認してみても、鉱物を知る実験として楽しいと思います。

未加工の黄銅鉱　Bulgaria

MEMO

小動物みたいに
ふっわふわ

オーケン石
〜 Okenite 〜

$Ca_5Si_9O_{23} \cdot 9H_2O$

分　　　類　珪酸塩鉱物
結　晶　系　三斜晶系
モース硬度　4.5-5
産　　　地　Mumbai, India

玄武岩などの晶洞の中に、沸石や魚眼石、石英などを伴って、身を寄せ合っている小動物のような様子で産出されます。道路工事の副産物なのだと、インドの鉱物業者の人が話していました。年々ふわふわなものが減って、坊主頭のような標本が目立つようになってきました。インドはここ10年ほどで近代化が急速に進んだため、道路工事の必要がなくなってしまったのでしょうか。「インドは広いのだから、探せばもっといいオーケン石が採れると思う」と言うと、「無理だよ」と苦笑いをしていた業者さんの顔が忘れられません。

　オーケン石はインド以外でもアメリカのワシントン州やイギリスのスコットランドで産出が確認されていますが、市場に多いのは圧倒的にインド産の標本です。

オーケン石は晶洞に入った標本と分離結晶の状態のものが売られています。細い結晶が放射状に集合していて、手で触っても鉱物という感じがせず、動物をなでているようです。

　今、ふわふわな分離結晶と出会ったら、それはコレクターの放出品だと考えてよいでしょう。あるいは業者さんがとっておきの在庫を持っていたという可能性も考えられますが、次に出合える可能性は低いので、気に入ったらがんばって購入することをおすすめしたい代表的な鉱物です。

地球が作り出した
コラージュが見事

かいおうせき
海王石
~ Neptunite ~

$KNa_2Li(Fe,Mn,Mg)_2Ti_2Si_8O_{24}$

分　　類　珪酸塩鉱物
結 晶 系　単斜晶系
モース硬度　5-6
産　　地　Gem Mine, San Benito County,
　　　　　California, U.S.A.

グリーンランドで錐輝石（Aegirine）に伴って発見されました。Aegirineはスカンジナビアの海の神（Aegir）にちなんでつけられた名前で、この石と一緒にあったため、ローマ神話の海の神（Neptune）を語源とした名前となりました。

　流通しているものは原産地ではなく、アメリカのカリフォルニア州にあるベニト石鉱山の標本がほとんどで、ベニト石におまけのようについているものです。しかし、これが鉱物標本ならではの楽しさで、曇天の下の海を彷彿とさせる灰青色のベニト石、それを海の泡のようなソーダ沸石が覆い、泡の中から黒い海王石がのぞいていて、地球が作ったコラージュ作品と言えます。時々黄色っぽい鉱物が彩りを添えています。これはホワキン石（Orthojoaquinite、ジョアキン石と訳されることもあります）です。

化学式を見てみましょう。カッコに入って、Fe（鉄）、Mu（マンガン）、Mg（マグネシウム）が並んでいますが、これは3つの元素がさまざまな割合で含まれているということです。標本によって真っ黒だったり赤みを帯びていたりするのは、黒は鉄、赤はマンガンによる発色です。鉄の含有量が多いと黒くなり、マンガンの含有量が多くなると赤みが増します。入手した結晶が真っ黒だったら、鉄分が多くマンガンは少ない標本なのだなと推測ができます。

火で炙ると現れる
タンザナイトカラー

灰簾石
〜 Zoisite 〜

$$Ca_2Al_3(Si_2O_7)(SiO_4)O(OH)$$

分　　　類	珪酸塩鉱物
結 晶 系	斜方（直方）晶系
モース硬度	6-7
産　　　地	Arusha, Merelani, Tanzania

灰簾石は宝石名のTanzanite（タンザナイト）のほうが一般に知られているでしょう。タンザナイトは1967年に、タンザニアのメレラニ鉱山で、ルビーを探していたマニュエル・ト・スーザーによって発見されました。それまでも灰簾石は採掘されていましたが、それらよりも数段美しく透明感がある青色をしていました。これにティファニーが「タンザニアの石」という意味のタンザナイトと名づけ、人気のある宝石となりました。

タンザナイトの最大の特徴は多色性です。見る角度によって青色に見えたり紫色に見えたりします。また、わずかですがカラーチェンジもします。自然光や蛍光灯の下では青色に、白熱灯下では紫色に見えます。透明で色が濃いもの、カラーチェンジの顕著なものほど価値が高いとされています。

　しかし、流通しているほとんどは、灰緑色の石を加熱で青色に変色させたものです。

未処理の灰簾石の欠片。青色に見えるものはわずかで、ほとんどがあまりきれいな色ではありません

加熱後。火で炙ると、タンザナイトカラーと呼ばれる美しい色になります

MEMO

青い毛糸みたいな兄弟鉱物
見分けられるかな？

カバンシ石、ペンタゴン石
~ Cavansite, Pentagonite ~

$$Ca(VO)Si_4O_{10} \cdot 4H_2O$$

分　　類　珪酸塩鉱物
結　晶　系　斜方（直方）晶系
モース硬度　3-4
産　　地　Wagholi, Pune, Maharashtra, India

力バンシ石とペンタゴン石は化学組成（成分）が同じで形が異なる兄弟鉱物です。「同質異像」と呼ばれます。両者はとてもよく似ていていて、とくに放射状の結晶ではほとんど見分けがつきません。両方とも青い毛糸で作った小さなポンポンみたいです。

鉱物の青色は銅によるものが多いのですが、カバンシ石とペンタゴン石ではバナジウムが原因です。カバンシ石の名前は、その成分であるカルシウムのCa、バナジウムのVan、シリコンのSiをつなげてつけられました。

ペンタゴン石の断面

ペンタゴン石の名前の由来は、双晶が五角形（ペンタゴン）をしているためで、双晶をなすことが普通です。ルーペで見た時に、断面が星型をしていたらペンタゴン石の可能性が高いわけです。随伴する鉱物で見分けられると教えてもらったことがあるのですが、カバンシ石とペンタゴン石が共存している標本もあって、実際には難しいと思います。

　ペンタゴン石の結晶には、細い棒状で販売されているものもあります。断面は星型です。産地ではこんなのが、スッと1本生えているのだそうです。

　現在流通している標本のほとんどはインド産ですが、原産地はアメリカのオレゴン州です。

MEMO

結晶構造の歪みが生み出す
美しい菫色

岩塩
～ Halite ～

分　　類	ハロゲン化鉱物
結　晶　系	等軸晶系
モース硬度	2-2.5
産　　地	Kerr McGee Mine, Carlsbad Potash District, Eddy County, New Mexico, U.S.A.

料理用に売られている岩塩の成分を見ると、赤色が濃いものほど鉄分の含有量が多く、色は鉄分によることが推測されます。また、黒い岩塩には亜鉛や硫黄も含有されていて、これらが黒色の原因のようです。

写真のものは美しい菫色をしています。この色は不純物のせいではありません。長期間にわたって放射線を浴びることによって結晶構造に歪みが生じており、跳ね返されている波長の色だけが見えるのです。ポルトガルの青い岩塩も同じ理由だとされていたので、以前、それを確かめるために実験をしたことがあります。岩塩の青い塊をまずは細かく砕きました。鉱物は細かくすると光の乱反射によって色が薄く見えますが、それでも青は残っていました。結晶構造の歪みは原子レベルなので、多少細かく砕いたところで構造色は残ったのでしょう。次にはそれを水に溶かしてみました。美しかった青色は見る影もなく、無色の塩水になってしまいました。

　アメリカのニューメキシコ州エディではとても青い岩塩が産出されます。価格はこの菫色の岩塩の10倍（数万円）もします。

　日本の梅雨から夏は岩塩標本にとっては魔の時期です。くっきりしていた角は丸みをおび、添えた紙のラベルがしわしわになったりすることもあります。この時期があるため、日本では岩塩は産出されていないのです。

水晶みたいに美しいけれど
ぱっきり割れる

<ruby>魚眼石<rt>ぎょがんせき</rt></ruby>
～ Apophyllite ～

弗素魚眼石　Fluorapophyllite
分　　類　珪酸塩鉱物
結　晶　系　正方晶系
モース硬度　4.5-5
産　　地　Jalgaon, Maharashtra, India

以前、カフェで行った鉱物スノードームのワークショップに水晶だと思って魚眼石を持参された方がいました。無色透明で小さな分離結晶でした。すると、ほかの石やフィギュアとコラージュしているうちに、魚眼石が真ん中からポキリと折れてしまったのです。水晶だったらこんなことにはならなかったはずです。代用となる水晶を差し上げて、魚眼石のお話をしました。

水晶は三方晶系や六方晶系なので輪切りにすると六角形をしています。一方、魚眼石は正方晶形なので四角形です。結晶の表面には条線と呼ばれる細かい線があります。水晶はこれが水平で、魚眼石は垂直に並んでいます。また、鉱物が特定の方向に割れやすい性質を劈開（へきかい）といいますが、魚眼石は水平方向に劈開があります。

緑色の魚眼石

色は透明が最も多いですが、緑やピンク、黄色などもあります。これはわずかに含まれる不純物によるものです。また、以前は一種類の鉱物だと考えられていましたが、現在では３つに分けられています。ソーダ魚眼石は化学式が異なりますが、弗素魚眼石と水酸魚眼石にはっきりとした区別はなく、弗素（ふっそ）と水酸基のどちらを多く含むかで決まり、流通しているもののほとんどは弗素魚眼石です。

古代から人々を魅了した
失われない夜明けの輝き

<ruby>金<rt>きん</rt></ruby>
～ Gold ～

分　　　類	元素鉱物
結 晶 系	等軸晶系
モース硬度	2.5-3
産　　　地	Bleida Far West Mine, Drâa-Tafilalet, Morocco

原子番号79の金属元素の鉱物です。化学記号Auはラテン語で輝く夜明けという意味のAuramからつけられました。天然では山で採れる山金と、河川で採れる砂金があります。山金は鉱脈から採れる金のことです。日本はかつて黄金の国ジパングと呼ばれたこともあるほど金の産出量が多かったのですが、現在ではほとんどの金山が閉山しています。しかし砂金の採れる川はまだあり、金山跡では砂金採り体験などもできます。砂金というと微細なものというイメージがありますが、大きなものも採れることがあります。

　最近はモロッコ産の孔雀石と共存している標本が手頃な価格で流通しています。

金は古くから価値のあるものとして認められていて、16世紀のヨーロッパでは鉄や鉛といった普通の金属類を金・銀などの貴金属に変化させようとする錬金術が盛んでした。錬金術師たちが求めたものはどれも成功することはありませんでしたが、イスラム錬金術師たちが作り出した王水と呼ばれる濃塩酸と濃硝酸を一定の体積比で混合した液体は、金を溶かすことができました。ちなみに、金は王水以外ではヨードチンキでも溶かすことができます。

砂金

黒っぽく燻されても
それはそれで魅力的

銀
～ Silver ～

分　　　類　元素鉱物
結　晶　系　等軸晶系
モース硬度　2.5-3
産　　　地　Sachsen, Germany

金、銀、銅はメダルの色なので、どうしても銀は金には勝てないイメージがあります。実際に砂金は貴金属を取り扱う業者が買取もしていますが、自然銀は買い取ってはもらえません。貴金属としての相場も銀は金より安いのですが、これは硫化しやすいためでしょう。銀のアクセサリーが長く使用するうちに黒ずんでしまったという経験がある人は多いかと思いますが、あれは硫化による変色です。

　硫黄標本の近くに置いておくとすぐに黒くなってしまいます。これをあえて行う加工を「燻す」といい、黒くなったものは燻し銀と呼ばれます。

鉱脈で採れる金は多くの銀を含み、金と銀の中間的なものはエクトラムと呼ばれます。色はほぼ金色です。

　一方、「銀と銅とからなる鉱物は存在しない」と言われています。工芸として、少量の銅を混ぜた「四分一」という銀が作られている程度です。ただし、アメリカのミシガン州では銅と銀がくっついている標本が産出します。しかしこれも、銅の部分と銀の部分ははっきり分かれています。

　銀は等軸晶系に属しますが、結晶で産するものはほぼなく、砂金のような砂銀も存在しません。多くは樹枝状、苔状、髭状などをしています。髭状のものはひげ銀と呼ばれています。針金のように伸びた単結晶が束になって、巻き毛のようになっています。クルンと巻いた形はとてもかわいいです。

見る角度で色が変わる
「多色性」が魅力

きんせいせき
菫青石
~ Cordierite ~

$Mg_2Al_4Si_5O_{18}$

分　　類　珪酸塩鉱物
結 晶 系　斜方（直方）晶系
モース硬度　7
産　　地　Toliary, Madagascar

董青石は鉱物名英名で呼ばれることはあまりなく、アイオライト（Iolite）という宝石名のほうが一般的に使われています。ギリシア語でスミレという意味の Ios にちなみます。ウォーターサファイアという愛称もあります。母岩についているような標本や結晶は少なく、多くは欠片やさざれと呼ばれる小さな粒で、キューブ型に研磨されているものも時々販売されてます。

　董青石には「多色性」という性質があります。ある角度から見れば名前のとおり董色をしているのですが、別の角度から見ると透明〜淡い董色に見えるのです。時々、この角度から蜜色が見えるものもあります。董青石のこの性質を知っている人は蜜色を見つけられるときっと得をした気分になるでしょう。

キューブ型の董青石。角度や光の加減で色合いが異なって見えます

じつはキューブ型に研磨されているものは、2色が見えやすい角度にカットしているのです。つまり、2色の見える角度はだいたい90度ずれているというわけです。宝石として使われる場合は、濃い菫色が見える角度を正面にして薄い色は見えないように工夫されています。

この性質からバイキングのコンパスとか、バイキングの太陽石という愛称もあります。太陽が見えない日でも、菫青石の色で方角がわかったのでしょうか。「バイキングは太陽の方向のわかる石を持っていた」という伝説があって、その伝説と菫青石の多色性が結び付けられたと思われます。

菫青石は分解して白雲母や緑泥石に変化しやすい鉱物です。菫青石は四角柱状の結晶を形成する鉱物ですが、3つの結晶が互いに貫通する双晶（貫入三連双晶）を形成すると六角柱形になります。分解して白雲母や緑泥石に変化し、六角柱状の断面が花のように見えるため、桜石という愛称で呼ばれています。鉱物としては「菫青石仮晶で成分は白雲母と緑泥石」となります。

桜石は亀岡市稗田野町 桜天満宮のものが有名です。桜天満宮の略縁起には、大宰府へ左遷される菅原道真から別れ際に桜の樹を与えられた家臣が、それを植えたのが桜天満宮のある場所で、桜が枯れた後、樹の下にあった石に桜の花紋様が残されたとあります。

本物の桜の花びらは5枚で、対する桜石の花びらは6枚ですが、うっすらと紅色を帯びたこの石は、桜と呼ぶほかにた

とえを思いつきません。桜天満宮のものは1922年に天然記念物に指定されたため採集が禁止されていますが、近くで採集されたものは鉱物店で販売されています。また、桜石は栃木県でも産出されます。

　周りの岩も風化で取れて、桜石だけになったものを観察すると面白いことに気づくでしょう。それは裏と表の模様が少し違うという点です。入手されましたら、ぜひ、裏表を確認してみてください。

母岩つきの桜石
京都

桜石だけが
のこったもの
京都

MEMO

ちょっとの違いで大違い
見た目そっくりな孔雀たち

孔雀石
〜 Malachite 〜

$$Cu_2(CO_3)(OH)_2$$

分　類	炭酸塩鉱物
結晶系	単斜晶系
モース硬度	3.5-4
産　地	Congo

名 前に「孔雀」がつく鉱物はいくつかあり、蒐集を始めたばかりだと区別がつきづらいかもしれないので、ここでは孔雀石、燐孔雀石、珪孔雀石、亜鉛孔雀石の４つをまとめて紹介してみます。いずれも別の鉱物として登録されています。

　孔雀石は塊状や層状などの形態で産出し、縞模様が孔雀の羽の模様に似ていることに由来します。銅鉱脈の酸化地帯で産出される銅の二次鉱物で、黄銅鉱からの変化の途中、黄銅鉱がまだ残っているものや、藍銅鉱から孔雀石に変化途中のものなど、面白い標本に出合うこともしばしばです。岩絵の具の材料で色名は岩緑青。クレオパトラのアイシャドーとして使われたことでも有名です。

小さな欠片を入手したら、ハンマーで砕いて乳鉢で細かくし、アラビアのりを水で薄めたもので溶いて絵の具にしてみましょう

燐 孔雀石は擬孔雀石という別名のほうが多く使われています。孔雀石が炭酸塩を含むのに対し、燐孔雀石は燐酸塩を含みます。見た目は孔雀石にそっくりで、注意して観察してみれば孔雀石というには少し青みがかっているかしらという程度です。そこである時、擬孔雀石を販売していた業者さんに、孔雀石との判別のポイントを尋ねたところ、

MEMO

塩酸で溶けるか溶けないかであると言われました。この方法は大切な標本を損ねるので、とりあえずラベルだけを頼りに取り間違えないようにしています。

それにしてもなぜ「擬」などという不名誉な名前になったのでしょうか。「擬」には「真似する」「似ている」という意味があり、転じて「偽物」という意味にもなります。もともと孔雀石のほうが有名で、それと間違える人が多かったのだろうと推測しますが、塩酸をかけて溶けてしまうのが本家の孔雀石で、燐孔雀石は溶けないということを知れば、燐孔雀石を擁護したい気持ちになります。

孔雀石の炭酸が珪酸に置き換わったような組成の鉱物が珪孔雀石です。孔雀石の濃い緑に水色を混ぜたよ

珪孔雀石（Chrysocolla）　珪酸塩鉱物／(Cu,Al)$_2$H$_2$Si$_2$O$_5$(OH)$_4$／単斜晶系／2〜4

うな色が美しく、アメリカではとくに人気があります。研磨
されたものやビーズは英名のクリソコラで流通していて、や
わらかいため、多くは樹脂をしみこませて補強されています。

亜鉛孔雀石は亜鉛を含むことから名づけられましたが、
流通名としてはほとんどローザ石が使われています。
多くはミントソーダの金平糖のような集合結晶ですが、ハイ
ランクのものは青緑色の針状結晶が集合したふわふわなポン
ポンのようです。英名のRosasiteはイタリアのサルデーニャ
島のローザという場所で発見されたため。ローズ（ばら）と
は無関係です。

亜鉛孔雀石（Rosasite）　炭酸塩鉱物／CuZn(CO₃)(OH)₂／単斜晶系／4.5

クロムと鉄が生み出す
赤と青の輝き

<ruby>鋼玉<rt>こうぎょく</rt></ruby>

~ Corundum ~

分　　　類	酸化鉱物
結　晶　系	三方晶系
モース硬度	9
産　　　地	Amboarohy, Zazafotsy, Ihosy, Fianarantsoa, Madagascar

コランダムというラベルで販売されている標本は、じつはあまりありません。多くは、宝石名のルビーやサファイアという名前で流通しています。これらの和名は鋼玉の「玉」をもらって、それぞれ紅玉、青玉です。

濃い赤色のものだけをルビーと呼び、それ以外がサファイアとされています。鋼玉は純粋な結晶であれば無色透明です。これが赤色や青色になるのは、わずかに含まれる不純物イオンによります。

　鋼玉を構成するアルミニウムイオン（Al^{3+}）が、クロムイオン（Cr^{3+}）と入れ替わると赤く色づきます。クロムイオンの含有量が多ければ多いほど赤色が濃くなります。ルビーと呼ばれるには全体の1～2％くらいのアルミニウムイオンが、クロムイオンと入れ替わっている必要があります。クロムイオンによって、ルビーはブラックライトで鮮やかな赤色に蛍光します。

　鋼玉のアルミニウムイオン（Al^{3+}）が鉄イオン（Fe^{3+}）に置き換わると青色になります。

　また、ルチルというほかの鉱物が混入することで、光を当てると放射状の光の筋が見えるものがあり、これらはスタールビー、スターサファイアと呼ばれます。

ルビー（蛍光）

宝石鉱物の最高峰！
地球が生んだ奇跡

こんごうせき
金剛石
〜 Diamond 〜

分　　　類　元素鉱物
結　晶　系　等軸晶系
モース硬度　10
産　　　地　Udachnaya-Vostochnaya pipe,
　　　　　　Daldyn-Alakit kimberlite field, Sakha,
　　　　　　Russia

和名はあまり浸透していませんが、宮澤賢治の作品には金剛石の名前で登場します。『十力の金剛石』ではさまざまな宝石鉱物が、なんと雨として降ってきたり、植物になっていたり。登場する鉱物を知っていると作品はなお、楽しいものに感じられることでしょう。宮澤賢治は恐らくこの作品で、「どんな宝石も天の恵に勝るものはない」と言いたかったのだと思いますが、そんな深読みをしないで、ただその風景を思い描くだけでも鉱物好きは幸せになれそうです。鉱物名を文学作品の中で探すのも楽しみ方の1つです。

さて、鉱物に話を戻します。ダイヤモンドは大陸の大きな火山噴火によって、地球の深いところにあったものが一気に吹き上げられることで地上に出てきます。19世紀にキンバーライトという特殊な火山岩からダイヤモンドが発見されました。その前は砂礫層から見つかったものを宝石として加工していましたが、砂礫層に眠るダイヤモンドがどうやってできて、どうしてそこにあるのかはわかっていませんでした。発見以降は、ダイヤモンドはキンバーライトから採られるようになりました。

キンバーライトが特殊な火山岩というのは、これが大陸奥地の楯状地と呼ばれるとても古い地質からしか見つかっていないからです。先カンブリア時代にマントル上部に揮発性成分の多い超塩基性マグマが形成され、これが一気に噴出して

円筒状に固まり、キンバーライト（ダイヤモンド）パイプと呼ばれる鉱床となりました。現在もキンバーライトはこのパイプから採掘されています。

　ダイヤモンドと石墨は同じ成分です。ダイヤモンドは、高圧だけれど温度はあまり高くない場所で生まれます。高圧でも一定の温度より高温になると石墨に変わってしまいます。

　以前、ダイヤモンドと石墨がそれぞれ安定となる圧力と温度の表を見た時に、不思議な感じがしました。てっきり高温高圧でできるのがダイヤモンドで、低温低圧で石墨になると思っていたからです。

　地球の平均的なマントルの温度に比べて、大陸の下のマン

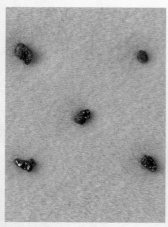

ダイヤモンドの原石　South Africa

キンバーライト

トルは冷たい（300℃ほど低い）と推測されています。高圧だけど少しだけ冷たいこのマントルで生まれたダイヤモンドが一気に低圧の地上に出たことでダイヤモンドの状態を保っているのです。ゆっくり地上に出てきた場合には石墨に変化してしまいます。

しかし現在地上にあるダイヤモンドが低圧でも石墨に変化しないのはエネルギーが足りないためで、決して安定した状態ではないのです。つまり熱エネルギーを与えればダイヤモンドはあっと言う間に石墨と化します。

実際には600℃くらいで黒鉛化し始め、800℃になると発火して炭化します。さらに1000℃以上に一定時間さらされると気化して、跡形もなくなるそうです。

しも、みなさんの手元にダイヤモンドの指輪やネックレスがあったら、あるいは誰かにプレゼントする時、された時、こっそりブラックライトを当ててみてください。多くのダイヤモンドが蛍光します。宝石鑑定書にも「蛍光性」の項目があります。蛍光の有無が直接ダイヤモンドの価値を左右することはありませんが、蛍光性のあるほうが人気があるそうです。しかし、鑑定書で「Very Strong Blue」と書かれた強い青色蛍光の場合は、白っぽい膜がかかったように見えるものがあり、「Oily」と呼ばれてグレードが下がるようです。

MEMO

Column

地球上にある鉱物は 5000 種以上。
お気に入りを探しに出かけましょう！

海外の Web サイトや大きな鉱物イベントを覗くと、出合いの可能性がますます広がります。

IMAの鉱物リストも蒐集の足がかり

毎年、新鉱物・新産鉱物が見つかっています。新鉱物というのは文字どおり新しい鉱物種で、新産というのは、すでに世界のどこかで発見されていたが、ある地域では初めて見つかったということです（日本新産鉱物というように使われます）。それらを認定し、管理しているのは「国際鉱物学連合（IMA※）」という団体です。IMAは、世界38カ国の団体によって構成され、鉱物学の発展と約 5000 種の鉱物名の統一を目的として活動しています。

すべての鉱物リストは IMA の Web サイトで公開されているほか、『Fleischer's Glossary of Mineral Species』という数年ごとに発行される書籍にまとめられています。掲載されている各鉱物の欄にはチェックボックスがあるので、自分

が持っている鉱物にチェックを入れてコンプリートを目指し
ているコレクターもたくさんいます。

鉱物販売イベントに参加しよう

　鉱物標本を入手するには、町の鉱物店、博物館の売店、ネッ
トショップ、オークションなどいくつかの方法があります。
しかし、それぞれ扱う点数が少なかったり、偏っていたりす
るので、できればミネラルショーやミネラルフェアといった
大きな鉱物販売のイベントに足を運んでみましょう。よりた
くさんの標本に出合えるはずです。

　鉱物イベントには世界中から多くのディーラーがたくさん
の標本を持って参加しています。イベントでは参加ディーラ
が書かれたマップを配布している場合が多いので、気に入っ
た標本を扱っていたディーラー、実際に購入したディーラー
を記録しておくのがおすすめです。次回のイベントでは、ま
ずそこを訪れると、気に入るものに出会える確率が高くなり
ます。また、標本にはラベルがつけられていないものもある
かもしれません。その時には「ラベルをください」「産地は
どこですか？」と、必ず聞くようにしてください。できれば、
価格も記録しておくと、鉱物の価格変動がわかります。

　鉱物イベントはたいてい土日にかけて開催され、初日や土
日はとても混雑します。しかし、月曜日まで開催している場
合は、最終日にも足を運ぶと、母国に持ち帰りたくない標本
をセール価格にしていることも。また、比較的空いているの
でディーラーからいろいろな話を聞くこともできます。

※ IMA = International Mineralogical Association

14 種類の柘榴石
渾然一体の美しさ

柘榴石
~ Garnet ~

$Mn_3Al_2(SiO_4)_3$

満礬柘榴石　Spessartine
分　　類　珪酸塩鉱物
結 晶 系　等軸晶系
モース硬度　7-7.5
産　　地　Nani Hill, Loliondo, Arusha, Tanzania

柘榴石とはグループの名前で、鉄礬柘榴石、苦礬柘榴石など、14種類が属しています。鉄礬柘榴石や苦礬柘榴石という種類は正式には「端成分」と呼ばれるものです。化学式を見てください。鉄礬柘榴石と苦礬柘榴石の化学式を比較すると、違いはFeとMgです。

　この両方を含む中間のものも存在します。ほとんどの柘榴石は両方の元素を含む固溶体として存在しています。そこで、どちらか片方しか含まないと仮定した、極端な化学成分を示したものが「端成分」です。販売時のラベルの鉱物名は、どれに一番近いかで決められています。

満礬柘榴石には柘榴石グループの中でもとくに美しいものが多く、宝石にも加工されます。「満」はマンガン（Mn）を示しています。日本では長野県の和田峠で採れるものが有名で、霧ケ峰火山の活動に伴う和田峠流紋岩の空隙に産出します。結晶面が非常に美しく、人工的にカットしたかのようです。

　鉄礬柘榴石はアメリカのアラスカ産のものが多く流通しています。十二面体や二十四面体をしていて、赤黒い結晶です。日本でも茨城県真壁郡真壁町（現在の桜川市）山ノ尾で採れたものが有名ですが、残念ながら今では採集が禁止されています。アラスカ産は結晶の大きなものが多くありますが、山ノ尾のものは数ミリのものが主流です。小さくても、きち

んと結晶の面ができています。

鉄礬柘榴石（Almandine）
$Fe_3Al_2(SiO_4)_3$ ／珪酸塩鉱物／
等軸晶系／ 7-7.5

苦礬柘榴石の「苦」はマグネシウム（Mg）、「礬」はアルミニウム（Al）を示しています。苦礬柘榴石は鉄礬柘榴石、満礬柘榴石の間で固溶体を作りやすく、とくに、鉄礬柘榴石との区別は難しいとされています。苦礬柘榴石の化学式どおりであれば、無色透明な結晶になり、鉄の含有量に比例して赤が強くなります。苦礬柘榴石はチェコのものが美しく、研磨された粒を見ると本当に柘榴の実のようです。アメリカのアリゾナ州では黒色に近いものも産出されます。

英名はギリシア語で炎を意味する「Pyr」が語源で、ろうそくの明かりにかざすと燃えるような赤色に見えることに由来します。柘榴石を美しく見るには、蛍光灯ではだめで、ろうそくの炎に照らして見るべしという定説があります。ぜひ実験してみてください。

灰礬柘榴石の「灰」はカルシウム（Ca）を示します。英名は西洋スグリ（Grossularia）に由来します。「柘榴石には青色以外の色がすべてある」と言われていますが、色がとくに豊富なのが灰礬柘榴石です。ケニアのツァボ公園で 1975 年に緑色の灰礬柘榴石の一種が見つかり、ティファ

ニーによってツァボライトという宝石名がつけられました。
緑色の発色はわずかに含むバナジウムによります。淡い透明
オレンジのものにはヘッソナイトという宝石名がつけられて
います。

　このほかにも灰鉄柘榴石や
灰クロム柘榴石などわずかに
成分が異なることで見た目も
光沢もさまざまな柘榴石があ
ります。

灰鉄柘榴石（Andradite）または
デマントイド（Demantoid）
Ca3Fe2(SiO4)3／等軸晶系／6.5-7.5

色は異なりますが、どちらも灰礬柘榴石（Grossular）です
Ca3Al2(SiO4)3／等軸晶系／6.5-7

MEMO

自然が生み出した
石の十字架

十字石
〜 Staurolite 〜

$Fe_2Al_9Si_4O_{23}(OH)$

分　　類　珪酸塩鉱物
結　晶　系　単斜晶系
モース硬度　7.5
産　　地　Keivy, Kola, Russia

十字石はその名のとおり十字型をしていて、英名の Stauroline もギリシア語で「十字の石」という意味です。透明でもきれいな色をしているわけでもないのに、この石を好きという人が多いのは、十字架をイメージさせるからかなと思います。

十字は貫入双晶です。2つの結晶が交わって十字になっています。結晶が交わる角度には2パターンあって、直角に交わっている直交型双晶と、60度で交わっている斜交型双晶に分けられます。直交型のほうが数が少なく、市場価格も高いようです。

白い母岩は雲母片岩です。流通している母岩つき標本のほとんどは、母岩を削って十字石の結晶をきれいに露出させています。裏側に別の結晶が見えているような標本もあるので、カッターで削って、埋もれている部分を取り出しみるのも面白いです。

双晶には時々2つではなく3つの結晶が交わっているものもあります。結晶2つの双晶より珍しいのですが、十字でなくなるからか人気はあまりありません。

60度で交わる斜交型双晶の十字石

錬金術師を魅了した
ボローニャの石

<ruby>重晶石<rt>じゅうしょうせき</rt></ruby>
~ Barite ~

分　　類　硫酸塩鉱物
結 晶 系　斜方（直方）晶系
モース硬度　3-3.5
産　　地　Morocco

重晶石は硫酸バリウムの鉱物です。現在でもバリウムをとるために採掘されています。名前のとおり重いことが特徴です。透明、緑色、褐色、水色など、色も豊富で、ガラス細工のような美しさがあります。

この石を見ると必ず思い出す話があります。「ボローニャの石」と呼ばれる石の話です。17 世紀、錬金術がもてはやされた時代に、この石は発見されました。錬金術は卑金属を金に変える最新の科学として多くの人の興味を引きつけていました。

　ある日 1 人の靴職人が、パデルノ山で、明らかにその辺の石ころよりも重く、太陽の光を受けて輝いていた石を見つけて持ち帰り、有名な錬金術師に調べてもらいました。すると、その石は硫黄を含むことがわかったのです。硫黄は錬金術にとって重要な意味を持つ材料とされていましたので、さらに期待がふくらんだことでしょう。しかし、何をしても石を金に変えることはできませんでした。ただ、炭と焼いて冷ますことにより、石に蓄光する性質を持たせることに成功します。

　この石はボローニャで採れる不思議な石、ボローニャの石として有名になりました。その後、それが重晶石であることが解明されました。

　私は重晶石を見るたびにボローニャの石の話を思い出し、いつかなんとかして光らせてみたいものだと思うのです。

地球上で唯一
フラーレンを含む石

シュンガ石
~ Shungite ~

分　　類　元素鉱物
結 晶 系　非晶質
モース硬度　3.5-4
産　　地　Karelia, Russia

　フィンランドとの国境に面したロシア北方のカレリア共和国で発見され、現在もそこでしか採れません。名前の由来となったシュンガは、カレリア共和国のザオネジエ半島にある大きな村です。約20億年前の岩石の中に脈状やレンズ状で産出されます。高濃度の炭素で構成される石墨と無煙炭（炭素濃度が高くて硬い、最上質の石炭）の中間的なもので非晶質です。ハイランクなものは金属のような光沢があり、表面には美しい流線模様が出ています。

フラーレンの分子モデル

　シュンガ石はフラーレンを含んでいることで有名になりました。フラーレンというのは60個の炭素原子がサッカーボールのような球状で中空の構造を持つ物質。1985年に英米3人の科学者が、宇宙空間の再現実験を行っている中で偶然に発見されました。フラーレン発見の功績により、3名は1996年にノーベル化学賞を受賞しています。

　炭素鉱物は原子の並び方で全く違う様子の鉱物となったり、近未来を担う物質になったりとじつに興味深いと思います。シュンガ石の光沢や表面の模様は金属のようですが、こすると手が汚れるので、ああ炭素なんだと気づかされます。

MEMO

魅惑の赤色を持つ
「賢者の石」

辰砂
しんしゃ
~ Cinnabar ~

分　　　類	硫化鉱物
結　晶　系	三方晶系
モース硬度	2-2.5
産　　　地	Clear Creek Mine, San Benito County, California, U.S.A.

辰砂は中国の辰州（現在の湖南省近辺）で多く産出したことからついた名前で、日本では「丹」と呼ばれていました。さらに、辰砂には「賢者の石」という別名があります。これは辰砂が古くから朱色の原料や薬に利用されていたこと、水銀を作ることができる貴重な石だったことなどから、つけられたのでしょう。

　辰砂を空気中で 400 〜 600 ℃に加熱すると、酸素と硫黄が結びつき、水銀蒸気と二酸化硫黄になります。この水銀蒸気を冷却凝縮すると水銀ができます。できた水銀は金などのほかの金属と混ぜてアマルガムと呼ばれる合金に使われました。アマルガムを塗ってから火にかざして水銀を蒸発させることで大仏など大きなものにメッキができるのです。水銀が 350℃で蒸発する性質を利用したものです。

赤色の顔料としても、日本で古くから使われてきました。縄文時代後期の遺跡からは辰砂原石や赤い色がついた土器、磨石などが出土しています。現在でも朱肉や朱塗りに使われている場合があります。朱塗りの朱は水銀朱と呼ばれており、ほかの赤色よりも奥深く高貴な深みが特徴です。

　大昔から人間を魅了してきた赤色ですが、私は、鉱物の時の色が一番すばらしい赤色だと感じます。うっすらと金属光沢があって、見る角度によっては銀色に輝き、光にかざすと燃えるような真紅に見えます。

鉱物蒐集は
水晶に始まり水晶に戻る

水晶（石英）
～ Quartz ～

分　　　類　酸化鉱物
結 晶 系　低温型－三方晶系、高温型－六方晶系
モース硬度　7
産　　　地　Minas Gerais, Brazil

鉱物名としては石英ですが、「肉眼で結晶の形がわかるもの」や「とくに透明なもの」はよく水晶と呼ばれます。それらはいろいろな基準で分類され名前がつけられています。

　まずは、結晶が生まれた時の温度によって構造が異なる高温型水晶と低温型水晶のお話。高温の二酸化珪素を含む液体が、573℃〜867℃の時に結晶したものは高温型水晶と呼ばれます。これは柱面がとても短いか、全く無い、そろばん玉のような形をしています。結晶ができてから温度が下がって573℃以下になると、構造は低温型に変化しますが外形はそのまま。構造は低温型で外形が高温型というわけです。

高温型結晶。通常は5mm以下ですが、インドネシアでは大きな結晶を産出

　一般的な水晶は左の写真のような形の低温型水晶です。それらは色でいろいろな名前がつけられていて、地球上で最も多いのはうっすらと茶色がかった煙水晶です。発色の原因はわずかに含まれる不純物のアルミニウムイオンで、ここに放射線が関与しています。煙水晶の中でもとくに黒いものは黒水晶と呼ばれますが、黒水晶として販売されているものの多くは人工的にガンマ線を当てて色を濃くされていて、付け根が妙に白っぽいことで判別ができます。

紫水晶と呼ばれる水晶の色にも放射線が関与しています。まず、水晶のSi^{4+}（珪素イオン）がFe^{3+}（鉄イオン）に置き換わり、そこに放射線が当たって、無理やりF^{4+}（4価の鉄イオン）になります。この不自然な鉄イオンは、結晶構造上の欠陥であるカラーセンターを作り一定の波長の光を吸収します。紫水晶の場合、紫色以外の波長を吸収するため、はね返された紫色の波長が色となって見えるわけです。

ここで面白い実験をしましょう。紫水晶を七宝焼きなどを作る電気炉に入れて加熱すると紫色は退色し、さらに加熱すると、今度は紫色の補色となる黄色へと変化します。加熱の過程で結晶にはたくさんのクラックが入り、キラキラと輝きます。このキラキラは人工的に加熱で作られた黄水晶を見つけるポイントにもなります。

流通している黄水晶の多くはこうして作られたものです。時々レモン水晶などという名前で、レモン色の水晶が販売されていることがありますが、こちらも放射線で発色させています。天然の黄水晶はごくわずかしか産出されませんし、加工で作られたものほどきれいではなく、淡い褐色をしています。

電気炉で紫水晶を加熱したもの

アメトリン。天然で1つの結晶の中に紫水晶と黄水晶が共存しています

紅水晶は今までブラジル産のものにしか私は出合えていませんが、紅水晶として一番多く流通しているのはマダガスカル産で価格も安く、淡いピンクのかわいい欠片です。そう、ブラジル産以外のものは結晶していない欠片なのです。鉱物で「晶」という漢字が名前に使われている場合、その石が結晶しやすいことを示していて、たとえば重晶石などは、重くて結晶しやすい鉱物であることが名前からわかります。

紅水晶（ローズクオーツ）
Brazil

そのため水晶の定義は、肉眼で結晶を確認できることとされています。残念ながら、マダガスカルの欠片に水晶の結晶の形は見つけられないため、紅水晶ではなく紅石英であると言えます。

水晶は色以外の見た目によっても特別な名前がつけられているものがあります。ルチルという鉱物の針状結晶が入っているものは針入水晶（ルチルクォーツ）と呼ばれています。このルチルがとても微細な結晶で、入り込んでいる紅石英を球状に研磨したものに光を当てると放射状の光の筋が見えることから、スターと呼ばれています。また、水晶の結晶の中に小さな水晶の頭の部分が見えるものもあります。それは山入り水晶とかファントムクォーツと呼ばれ、一

度形成が完了した結晶が再び成長したことで作られるものです。一番低い稜線が一番最初にできた結晶の頭で、幾重にも稜線が重なっている場合、その都度、水晶が成長を一旦休憩していたことがわかります。多くの山入り水晶は、内部がよく見えるよう表面を研磨されています。

　ほかには、水晶の中に景色が作られているガーデン水晶と呼ばれるものもあります。緑色の鉱物が多い場合はまさに庭のようですが、混入している鉱物によっては海底の景色のようです。

　また青水晶と呼ばれるものもあります。これは青い電気石であるインディゴライトの微小A結晶が入って青く見えています。

青水晶　Brazil

ガーデン水晶

鉱物には双晶になっているものが多いのですが、とくに水晶の双晶は十数種類もあり、その中でおすすめなのが日本式双晶です。これは2つの結晶が84°33′の角度で接合したもので、その形からV字型とハート型と軍配型の3つに分類されます。明治時代に日本で多く産出したことに由来して「日本式」と名づけられましたが、最初に見つかった場所はフランスのドフィーネでした。多く流通している日本式双晶は、薄い板状の結晶が2つ接合しているものです。ミネラルショーで探す場合は「Japanese Law Twin Quartz」と聞けば見つかるでしょう。

水晶なのに、ダイヤモンドという名誉な名前がついているものがあります。その名もハーキマーダイヤモンド。流通しているものは圧倒的に分離結晶が多く、その名のとおり、カットされたダイヤモンドに見紛うほど、キラキラと輝きを放っています。

最近はそれにそっくりな水晶がパキスタンからも産出していて、その中には原油が混入しているものがあり、油入り水晶と呼ばれています。この油がブラックライトで青白く蛍光するためとても人気です。

オイル入り水晶の蛍光写真

MEMO

エメラルドと間違えられた
キラキラな翠色

翠銅鉱
〜 Dioptase 〜

$$Cu_6(Si_6O_{18}) \cdot 6H_2O$$

分　　　類	珪酸塩鉱物
結 晶 系	三方晶系
モース硬度	5
産　　　地	Tsumeb Mine, Tsumeb, Otjikoto Region, Namibia

英名Dioptaseはギリシア語の「dia（透かして）」「opteuo（見る）」という単語をもとに、アウィン（藍方石）にその名を冠す結晶学の父ルネ・ジュスト・アユイによって名づけられました。発見から12年後のことです。

　初めて見つかったのは1785年で、ロシア帝国の銅山（現在のカザフスタン）で見つかった時、エメラルドと間違えられたという話は有名です。

　実際、翠銅鉱を光にかざしたり、LEDライトをあてたりすると、劈開に沿って生じたクラックが光を跳ね返してキラキラと輝きます。エメラルドもまた、内部に小さなクラックがあることこそがエメラルドであることの証だという定説もあり、エメラルドと信じた発見者の心境はとても共感できます。本当に、さぞわくわくしたことでしょう。残念ながら硬度は低く、劈開が完全で割れやすいため宝石にはなれません。

現在流通している標本は、原産地カザフスタンのものもありますが、ナミビアやコンゴなど、アフリカ産のものを多くみかけます。

　そのほかにはアメリカのアリゾナ州のクリスマス鉱山などでも採れます。しかし、産出量がごくわずかの鉱物なので、流通価格は高額です。

Kaokoveld Plateau, Kunene, Namibia

ケミカルブルーの
ベルベット

青針銅鉱
せいしんどうこう
～ Cyanotrichite ～

$$Cu_4Al_2(SO_4)(OH)_{12} \cdot 2H_2O$$

分　　類　硫酸塩鉱物
結 晶 系　斜方（直方）晶系
モース硬度　2
産　　地　Qinglong Mine, Guizhou Province,
　　　　　China.

英名にシアノとついているのでシアンが含まれているのかと思ってしまいますが、「cyano」はギリシア語で「藍色の、青色の」を意味し、シアンは含まれていません。「trich」はギリシア語で毛髪のこと。直訳すれば、青毛石となりますが、「青針」とした日本人の感覚は素敵です。ただし、以前はベルベット銅鉱と呼ばれていました。確かに肉眼では柔らかな毛やベルベットのように見えます。モバイル顕微鏡で観てみると、ベルベットのような部分も細い針状結晶が密集していることがわかります。

モバイル顕微鏡写真

鮮やかなケミカルブルーは銅による発色です。胆礬（たんばん）や藍銅鉱（らんどうこう）と同じ銅鉱床の酸化帯にできる二次鉱物で、同じ産状のプロシアン銅鉱を伴うことが多くあります。プロシアン銅鉱は緑色をしているので、わかりやすいかと思います。

　希産鉱物とされていますが、出合うのはそれほど困難ではないので、ベルベットのような標本を探すのか、形に注目してたとえば丸いお花のようになっている結晶を求めるのか、こだわって探してみるのが楽しいと思います。

キラキラ美しい破片
しかし空気に触れると……

石黄
<small>せきおう</small>
～ Orpiment ～

分　　　類　硫化鉱物
結　晶　系　単斜晶系
モース硬度　1.5-2
産　　　地　Senduchen, Verkhoyansk, Sakha,
　　　　　　Russia

石黄には「雄黄」という別名があります。雄があれば雌もあるのかな？　と思った方は大正解。「雌黄」もあり、これは鶏冠石の別名で、いずれも砒素と硫黄の化合物です。中国ではこの雄と雌が逆になります。

　成分的に直に触れないほうがよいのですが、なんとかアクセサリーにして持ち歩けないかと思い、小さな試験管に入れて密封することにしました。そのためにカッターで薄く剥がしたところ、雲母のように薄く剥がれ、透明感を増した黄色の美しい欠片となりました。輝きもすばらしく、屈折率ではダイアモンドにも勝ります。しかし剥がしてしばらくすると、空気中の酸素と化学反応を起こして輝きは失われてしまうのです。

中世の頃までは黄色顔料として利用され、雄黄色と呼ばれていました。毒性があるので現在は使われていませんが、この顔料を使って描かれた昔の絵の黄色が、今もなお鮮やかで美しい色を保っているのは驚くべきことです。

　流通している標本の多くは、アメリカのネバダ州にあるゲッチェル鉱山のものです。成分が似ている鶏冠石やゲッチェル鉱を随伴しています。

鶏冠石などを随伴した標本
Mine Castrovireyna, Huancavelica, Peru

MEMO

見慣れた様子とはまるで違う
意外な姿を見せてくれる

石膏
せっこう
~ Gypsum ~

$$CaSO_4 \cdot 2H_2O$$

分　　類	硫酸塩鉱物
結　晶　系	単斜晶系
モース硬度	2
産　　地	Manitoba, Red River Floodway, Canada

石膏というと、美術室に置かれていた石膏像や石膏粘土を思い浮かべるでしょう。じつは骨折した時に使われるギプスも、この石膏が使われています。鉱物の石膏は化学組成式からもわかるように結晶水と呼ばれる分子レベルでの水が含まれていて、焼いて結晶水を飛ばしたものが石膏像や骨折治療に使われます。

ただし、鉱物の石膏の中には結晶水を含まないものもあります。それを硬石膏といいます。その英名のAnhydrite も無水物という意味です。控え目な空色が美しく細長い結晶が束になっているので、この束をいくつかの小分けにしてみようと試みたことがあります。しかし、硬石膏は細長い結晶を輪切りにする方向に劈開（へきかい）し、小さなキューブをたくさん作ってしまいました。

硬石膏（Anhydrite）　CaSO$_4$／
硫酸塩鉱物／斜方（直方）晶系／3.5

　石膏にはいくつかの産状があり、有名なものは「砂漠のバラ」と呼ばれるものです。砂漠のオアシスや湖の水が干上がり、ミネラル分だけが残って結晶化したものです。石膏のほかに重晶石なども砂漠のバラになります。

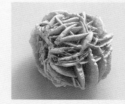

砂漠のバラ

MEMO

た、透明なので透石膏（Selenite）と呼ばれる石膏も
あります。メキシコにあるナイカ鉱山の地下にはクリ
スタルの洞窟と呼ばれる空間があり、内部は巨大な透石膏の
結晶で埋めつくされています。テレビ番組で紹介された映像
を見てからずっと行きたいと思っていたのですが、非常に高
温多湿で、特殊な装備を着けて潜入しても長時間の滞在は困
難。さらに2009年末に、この洞窟への立ち入りは全面的に
禁止されてしまいました。今は、手元にある小さな透石膏を
眺めて、クリスタルの洞窟へ思いをはせています。

　透石膏には砂時計構造のものがあります。平行四辺形の立
体を面取りしたような形の結晶で、対角線で区切られて向か
い合う2つのエリアだけがブラックライトで蛍光し、その形

◀内部が砂時計構造に
　なっている透石膏

▶フィッシュテールと呼ばれる透石膏
　Naica Mine, Mexico

は本当に砂時計のようです。

　また、結晶が放射状に集合し、88ページの写真のように球状になったものもあります。ほかの鉱物や岩石に邪魔されずに360度すくすくと成長すると球状になり、暗い部屋でブラックライトを当てると青白く蛍光します。さらに、ブラックを消しても数秒、光が残り、これを燐光（りんこう）といいます。

　透石膏を入手したら、ぜひブラックライトを当ててみてください。幻想的な光は、その魅力を何十倍にも増し、ずっと眺めていたいと思わせることでしょう。

透石膏球の蛍光写真

　オーストラリアのガンソン山にあるパーナティー・ラグーン湖では、湖底から芝生のような石膏が採れます。私は人工結晶をいろいろ作っているので、水中で結晶する様子をなんとか見てみたいものだと思っています。グリーン石膏はその見た目から、ジオラマ標本として飾るのもおすすめです。ただし結晶はとても脆（もろ）いので扱いには注意してください。

一見地味だけど
ルビー色を秘めた標本も

<ruby>閃<rt>せん</rt></ruby><ruby>亜<rt>あ</rt></ruby><ruby>鉛<rt>えん</rt></ruby><ruby>鉱<rt>こう</rt></ruby>
~ Sphalerite ~

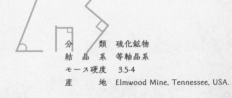

分　　類	硫化鉱物	
結 晶 系	等軸晶系	
モース硬度	3.5-4	
産　　地	Elmwood Mine, Tennessee, USA.	

亜鉛の硫化鉱物で、黄鉄鉱や方鉛鉱などの金属鉱物が好きな一部の人には「いいね♪」と言われることがあるかもしれません。ですが、ほかのきれいでかわいい鉱物標本と並んでいたら、なんだかぱっとしないなぁ、と思う人のほうが多いでしょう。

英名はSphaleriteですが、ミネラルショーなどでラベルに書かれているのは、通称のZincblendeのほうが多いです。こちらも合わせて覚えておくとよいでしょう。

閃亜鉛鉱の標本をコレクションに加えたい時におすすめなのが、アメリカのテネシー州にあるエルムウッド鉱山のものです。蛍石を随伴していることも多く、蛍石の立方体結晶を乗せた金属光沢のある閃亜鉛鉱は、とてもカッコよく見えます。

エルムウッド鉱山の閃亜鉛鉱には「ルビージャック」という別名も。光にかざすと、結晶の際がルビーのような赤色に見えることからそう呼ばれています。これを入手した際には、LEDライトなどを当てて、ルビージャックなる赤色をぜひご覧ください。

光をかざした際に見られる赤色・ルビージャック

ポツンと輝く小さな赤
とてもかわいく愛おしい

^{せんしょうせき}
尖晶石
~ Spinel ~

$$MgAl_2O_4$$

分　　類	酸化鉱物
結 晶 系	等軸晶系
モース硬度	7.5-8
産　　地	Pein Pyit, Mogok, Mandalay, Myanmar

尖晶石はカラーバリエーションが豊富です。青色、ラベンダー色などもあり、ピンク色はスリランカで多く産出されます。中央アジアのピンクスピネルは、古くから人気があるうえ希少なため、高額で取引されています。

さまざまな色がある中で、尖晶石と言えば赤色が代表カラーでしょう。発色は微量に含まれるクロムによるもので、同様にクロムによって赤く発色するものにルビーがあります。どちらもブラックライトで鮮やかな赤色に蛍光します。どちらも同じくらい美しいですが、ルビーのほうが高価です。

　宝石としてカットされているものは結晶の形で判断することができないので、宝石商は見極めるために偏光フィルターを使います。原石であれば、結晶の形がルビーは六角柱状で、尖晶石は八面体をしているので判別がつきます。尖晶石という和名もこの形からつけられました。ほかの等軸晶系の鉱物には八面体以外に立方体や十二面体なども存在しますが、尖晶石はほとんど八面体です。母体の中で輝く、真っ赤で小さな八面体はとてもかわいらしいので、ぜひ持っていたい鉱物の1つです。

小さいけれど八面体をしています

MEMO

浮かび上がった未来都市は
虹色でシャボン玉のよう

蒼鉛
~ Bismuth ~

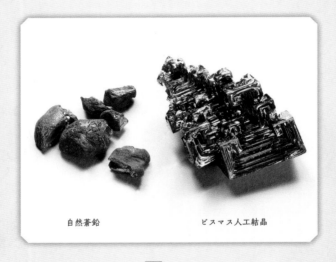

自然蒼鉛   ビスマス人工結晶

分　　　類　元素鉱物
結 晶 系　三方晶系
モース硬度　2-2.5
産　　　地　左：Rio Vilace, La Paz District,
　　　　　　Bolivia

蒼鉛と聞いて、すぐにその標本を思い浮かべることができる人は、かなりの鉱物好きです。英名のBismuth（ビスマス）と聞くと、虹色に輝く人工結晶を思い出す人がほとんどではないでしょうか。あるいは、天然のビスマスが存在することに驚くかもしれません。

ミネラルショーで人工結晶ではない、つまり自然蒼鉛を探そうとしてもなかなか見つけられませんでした。一方で、人工結晶はたくさん売られています。以前はドイツで作られたものが多かったのですが、最近ではイギリスやポーランドで作られたものも多く出回るようになりました。国によって色が若干異なり、ドイツのものが一番美しいピンク色をしているように思います。

人工結晶は、工業用に精錬されたビスマスのインゴッドやチップを融かして作ります。いったん融かしてから冷ますと、未来都市みたいな形をした結晶が現れます。このような形を骸晶（がいしょう）といい、結晶の縁の部分の成長が面の部分より早いことでできます。さらに、この結晶を融けた液体から取り出すと空気中の酸素と化合し、表面に酸化膜ができます。この膜は、シャボン玉が虹色に見えるのと同じ「薄膜干渉」と呼ばれる作用で虹色に見えます。室内で作ったビスマスは、自然光の下で見るとより多くの色に輝いて見えてきれいです。

集め方は人それぞれ。
こだわりを持つとより楽しくなります！

何を選び何を諦めるかはコレクターの悩みの
種。ポリシーを決めると集めやすくなります。

K'z Mineralさんのコレクション

今回、本書の撮影でお借りした標本のいくつかは、K'z
Mineral さんのコレクションです。鉱物屋さんのような名前
ですが、個人の方。これから鉱物標本を集めようと考えてい
る方には、この方のスタイルがかなり参考になると思います。

まず、K'z Mineral さんが購入する標本は、すべてサムネ
イルサイズと呼ばれる小さなものです。いいなぁと思っても、
統一されているケースに入らなければ諦めるという徹底ぶり。
そして、購入した標本についているラベルはすべて自分で作
り変えているのです。この時、ラベルに自らのコレクター名
「K'z Mineral」と書いています。鉱物業者のような名前なの
は、ウィットでしょう。

K'z Mineral さんのコレクションの何よりすばらしいとこ

ろは、どれもハイランクであることです。私のお店きらら舎
は、若い方でもできるだけお小遣いで買えるようにという考
えのもと鉱物を仕入れていますので、きらら舎では扱ってい
ないものばかりです。K'z Mineral さんは時々、カフェにコ
レクションを持参してくれます。そのおかげでお客さまはハ
イランクな鉱物にも接し、撮影したり、どれが一番好きかを
語ったり、どれが一番高いかを当てるゲームをしたりできる
わけです。

蒐集方法からこだわる

　鉱物標本の蒐集(しゅうしゅう)にはいくつかのタイプがあります。欧米の
人はキャビネットサイズの立派なものを集めるタイプが多い
ようです。あるいは現在確認されている鉱物種をコンプリー
トするためにサムネイル標本をそろえているコレクターもい
ます。鉱物は自分で採集したものしか持たない、なんて人も
います。蒐集にも人それぞれいろいろなタイプがありますが、
先にどういうふうにそろえて保管していくか、飾っていくか
を考えたうえで、その規格に合せて蒐集する方法はターゲッ
トがより明確になるのでよいかもしれません。

澄み渡る空を映した
ドミニカの海の色の結晶

ソーダ珪灰石
けいかいせき
～ Pectolite ～

$$Ca_2NaSi_3O_8(OH)$$

分　　　類	珪酸塩鉱物
結　晶　系	三斜晶系
モース硬度	4.5-5
産　　　地	Dominica

和名を聞いてもピンとこない、あるいは聞いたことがないという人が多いかと思います。しかしLarimar（ラリマー）と言えば、ピンとくる人もいるのではないでしょうか。これは、ブルーペクトライトの別名です。

　1974年にドミニカ南部に位置するパオル村の鉱山からミゲル・メンデスとノーマン・リリングという人物によって、ラリマーは発見されました。穏やかなカリブ海のような色のこの新鉱物に、ミゲルは自分の娘の名である「Larissa」と、スペイン語で海を意味する「mar」を合わせて「Larimar」と命名しました。

私が初めてこの石と出合ったのは、新宿で開催されたミネラルショーでした。その時はまだトルコ石の代用などと扱われていたのですが、アメリカの鉱物業者がラリマーだけを美しく展示販売していたのです。当時は、青色で濃い乳白色のはっきりとした波模様を持つ2cmほどのブルーペクトライトも、価格は500円ほどでした。ところが、みるみるうちに価格が高騰し今ではとても高価な石です。

　ブルーペクトライトはドミニカ以外でも産出がありますが、美しい海色に波の模様が浮かぶ標本はドミニカでしか産出されていません。もともと産出量が少なかったので、今後はますます手の届きにくい鉱物になっていってしまうのだろうと思います。

燃える炎や揺れる光を
包み込んだ石

蛋白石
~ Opal ~

$$SiO_2 \cdot nH_2O$$

分　　類	酸化鉱物
結　晶　系	非晶質
モース硬度	5-6.5
産　　地	Ethiopia

和 名の蛋白石よりも英名のオパールと呼ぶほうが、ピンとくる人が多いはず。この石の一番有名な産地は、オーストラリアで、宝石として加工されるオパールの多くがオーストラリア産です。しかし、メキシコ産のファイヤーオパールやオーストラリア産のブラックオパールは別格で、高級オパールとして扱われ、宝石としても人気があります。前者はその名のとおり燃える炎のような輝きです。

　1993年にエチオピアで発見されたオパールも、とてもきれいです。市場に登場した当初は比較的安価で購入できましたが、その美しさはすぐに多くの人を虜にし、宝石業界での需要が高まると一気に価格が高騰しました。これに追い打ちをかけるようにエチオピア政府が原石のままの輸出を禁止したため、現在では原石の入手が困難になっています。

蛋 白石の一種に玉滴石というものがあります。まさに玉のような水滴が落ちる瞬間を切り取ったような形をしています。短波のブラックライトで蛍光しますが、最近メキシコで発見された玉滴石は、長波のブラックライトでも鮮やかなビタミングリーンに蛍光します。

蛋白石の一種である玉滴石（左：自然光下、右：長波のブラックライト照射時）
Mexico

MEMO

強くつまめば砕けてしまう
ケミカルブルーの霜柱

胆礬
たんばん
~ Chalcanthite ~

$$CuSO_4 \cdot 5H_2O$$

分　　類　硫酸塩鉱物
結　晶　系　三斜晶系
モース硬度　2.5
産　　地　Arizona, USA

銅の鉱山で天井から成長する姿は青い鍾乳石と呼ばれ、地面から生える様は霜柱のようです。アメリカのアリゾナ州のものは絹糸のような光沢があって、指でつぶせばぐしゃりと砕ける感じも、まさに青い霜柱。

　胆礬の青色は銅による発色です。成分的には硫酸銅五水和物で、昭和の時代にはミョウバンとともに、小学生が夏休みの宿題で作る人工結晶の代表選手でした。何か薬品が使われる事件が起こるたびに少しずつ日本の薬事法は厳しくなってしまい、小学生が気軽に育成することはできなくなってしまいました。今では硫酸銅の結晶はミネラルショーで出合うくらいです。

ミネラルショーで売られている人工結晶は、かつてはロシアで作られたものがほとんどでした。乾燥すると表面が粉をふいたように白くなりますが、ウェットティッシュで拭けば、もとの艶を取り戻します。しかしこの時に、ウェットティッシュに青い色が移ります。これは硫酸銅が溶けたせいで、天然の胆礬も水に溶けやすい性質があります。最近は硫酸銅の結晶というとポーランドのものが主流で、こちらは不思議と表面が白くなることはありません。

胆礬の人工結晶　Poland

MEMO

キャンディーみたいに
カラフルで美味しそう

電気石
〜 Tourmaline 〜

$$Na(Li,Al)_3Al_6Si_6O_{18}(BO_3)_3(OH)_4$$

リチア電気石
分　　類　珪酸塩鉱物
結 晶 系　三方晶系
モース硬度　7-7.5
産　　地　Sapo Mine, Ferruginha, Conselheiro Pena, Minas Gerais, Brazil

左の写真の標本は、ブルーキャップと呼ばれているリチア（リシア）電気石。電気石という名は鉱物グループの名称で、リチア電気石、鉄電気石、苦土電気石、オーレン電気石、鉄灰電気石、灰電気石、フォイト電気石、苦土フォイト電気石、丸山電気石などの鉱物種が属しています。

電気石という名は結晶を熱すると電気を帯びることからつけられました。鉄電気石とリチア電気石にはよく出合いますが、美しいものはほとんどがリチア電気石で宝石としても扱われます。

　鉄電気石は真っ黒で、結晶が細長い柱のような柱状結晶。その結晶の側面部分に条線が見えます。母岩や随伴する鉱物によっては、この黒い結晶がアクセントになり、とてもカッコいい標本があります。

　リチア電気石は1つの結晶の中でさまざまな色を呈し、断面が緑と赤のものはウォーターメロンと呼ばれています。宝石としては無色のものがアクロアイト、青色はインディゴライト、赤やピンク色はルベライト、緑色はヴェルデライトと呼ばれて、どれも透明で美味しそうです。

石英の上のルベライト (Rubellite)

赤く燃える情熱を秘めた
エンジェルブルーの石

天青石
てんせいせき
〜 Celestite 〜

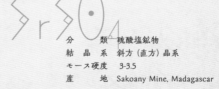

分　　類　硫酸塩鉱物
結 晶 系　斜方（直方）晶系
モース硬度　3-3.5
産　　地　Sakoany Mine, Madagascar

市場に出回っているものにはマダガスカル産が多く、晶洞の中に天青石の結晶が育っています。ただそれを割っただけの標本や、分離結晶のほか、晶洞の外側を研磨して丸や卵型にしているものなどがあります。

　結晶は淡い空色なのですが、炎色反応は赤色というのが、見た目の優しい色を裏切って情熱を秘めている感じで気に入っています。結晶が大き目なものは透明度も高く、内部のクラックに虹が浮かんだりします。また、結晶が細かいものはクラッシュしたソーダアイスキャンディーのようです。

マダガスカル産以外では、スペインで下の写真のような面白い標本が産出します。ラベルに産出地として記されたトラの村から続く礼拝堂までの道の露頭には、石灰岩の中にストロンチウムを含む鉱物の晶洞があります。その石灰岩の欠片の穴の内側には、通称ハリネズミ（hedgehogs）と呼ばれる方解石の小さなとげとげした結晶があります。その中にガラス細工みたいな細い天青石の結晶がしまわれています。

Tora, La Segarra, Lleida, Catalonia, Spain

MEMO

石なのにパンみたいな
カビが生える？

銅
~ Copper ~

分　　類　元素鉱物
結 晶 系　等軸晶系
モース硬度　2.5-3
産　　地　Michigan, U.S.A.

銅は古くから銅鏡や食器、貨幣などに使われていました。歴史上最も大きな産地はエジプトのCyprusで、ラテン語名cuprumの語源となりました。元素記号Cuや英名も、このcuprumに由来します。

　銅は八面体結晶になることがあるそうですが、私はまだ出合えていません。現在流通している銅の標本はアメリカのミシガン州産が多く、樹技状や塊状で産出します。樹枝状のものにはパンに生える緑色のカビのようなものがついていることが多く、これは銅製品に発生する緑青と同じものです。緑青にはいくつかの種類があります。化合したものによって塩基性硫酸銅や塩基性炭酸銅になるのですが、これらの化学式はブロシャン銅鉱や孔雀石、藍銅鉱と同じです。

銅は錆びやすくすぐに黒ずんできます。この色は銅が主成分である、10円玉でよく見られるものです。10円玉を醤油やソース、タバスコなどでピカピカにする実験がありますが、銅の標本も同じ原理でピカピカにすることができます。左のミシガン州産の標本がきれいな銅の色をしているのは、この実験の原理で薬品によって酸化した表面を還元し、本来の色に戻したものだからです。

10円玉のピカピカ実験

理想は空のように澄んだ
コマドリの卵色

トルコ石（いし）
～ Turquoise ～

$CuAl_6(PO_4)_4(OH)_8 \cdot 4H_2O$

分　　類　リン酸塩鉱物
結 晶 系　三斜晶系
モース硬度　5-6
産　　地　Kingman Mine, Arizona, U.S.A.

名前からトルコが原産地であるように考えがちですが、現在のトルコでトルコ石はとれません。かつてトルコの領土だった、現在のイラン周辺でたくさん産出されたことから、この名がつけられたという説、貿易でトルコを経由してヨーロッパへ広がったからという説など、諸説あります。

　この石は12月の誕生石なので、入手したい人も多いのではないでしょうか。ですが、加工されていないものがとても少ないため、購入時には注意が必要です。アクセサリーに加工されているものはほぼ樹脂加工が施されています。原石として販売されているものにも、樹脂加工のほか、ワックスが塗られているものや、別の石に着色したものなどがあります。加工について明記してあるものであれば、そこで妥協してもよいかなと思います。おすすめの産地はアメリカのアリゾナ州にあるスリーピングビューティー鉱山のもの。青色がとても美しく、小さな粒であれば、保護のためのワックスが施されている状態で販売されています。

トルコ石には、マトリックスという網目状の層が見られるものも多く、これが少ないほうがよい石だとされています。また、色は濃いほうがいいように思いますが、本来の天然トルコ石のよい色はコマドリの卵色と言われる空色。青色は銅による発色で、鉄が含まれるものは黄色味が増し、緑色をしています。

暖かい日には融けて液体になってしまう石

南極石
~ Antarcticite ~

$CaCl_2 \cdot 6H_2O$

分　　類　ハロゲン化鉱物
結 晶 系　三方晶系
モース硬度　2-3
産　　地　Breistol Dry Lake, San Berrnadino
　　　　　Country, California, USA.

南極石は冷蔵庫で保管しないと、1年のうち半分くらいの期間しか、その結晶を見ることはできません。なぜなら、融けて液体になり始める融点という温度がこの石の場合約25℃だからです。微量に含まれる不純物によって、実際にはきっちりその温度で融け始めるというわけでもなく、逆に25℃以下ですぐに固まるというわけでもありません。融けると水のような液体となりますが、冷やせばきちんと三方晶系の結晶になります。

原産地が南極大陸のヴィクトリアランドドンフアン池なので南極石と名づけられました。英名も英語の南極（Antarctic）に、石の名前につける「ite」をつけたものです。現在は南極産のものは入手できませんが、代わりにアメリカのカリフォルニア州ブリストル湖産のものが比較的多く出回っています。そのほか世界数カ所で産出が確認されていて、なんと火星のコロンビア丘陵での存在も報告されています。成分のシンプルさと融点の低さを考えると、融けていてわからないだけで、本当はもっといろいろな場所にあるのだと思います。地球温暖化が進めば、地球上ではかつて採集されたものが冷蔵庫で保管されているだけ……ということになるのでしょうか。

南極石の人工結晶

Column

ほんのちょっとした実験で
鉱物は全く別の顔を見せてくれます！

標本に手を加えるのはもったいない気もします が、実験をすると理解がひと際深まります。

酢をかけると花の咲く石

アメリカの理科教材にポップコーンロックというものがあ ります。道端に落ちているような石から、ポップコーンに似 た美しい石の花が咲くというものです。

ポップコーンロックを深めの皿に入れて、上から酢をかけ ます。酢はいろいろ実験してみた結果、酢酸とハインツのホ ワイトビネガーで成功しました。酢酸のほうが激しく反応し ます。石の上から酢をかけた途端に無数の細かい泡が放出さ れます。石が8割ほど浸るくらいまで酢を入れて放置すると、 1日程度で石の表面に白い結晶が現れて、2〜3日で美しい結 晶に育ちます。酢酸を使った場合、結晶が大きめですが数カ 月経過するとオレンジ色に変色しました。ホワイトビネガー のほうは反応は遅く結晶も小さめですが、真っ白い結晶が維

持されます。

じつはこの石の正体は苦灰岩です。苦灰岩とは、苦灰石
（$CaMg(CO_3)_2$）を主成分とする堆積岩のこと。酢をかける
ことによってできた白い結晶は炭酸カルシウム（$CaCO_3$）
です。ルーペで結晶を観察すると霰石（$CaCO_3$、131ページ）
にそっくり。

偶然見つかった苦灰岩の特性

苦灰岩に酢をかけると霰石の結晶が生まれるという特性
は、1981年にユタ大学の地質学の学生であったリチャード・
D・バーンズ氏によって最初に発見されました。彼は、研究
で収集したサンゴの化石標本を扱っていました。通常、サン
ゴ骨格は石灰岩内にあります。石灰岩は、炭酸カルシウムで
構成され、酢と反応して溶解するため、楽に化石を取り出す
ことができました。

しかし、彼がアメリカ西部のグレートベースンの限られた
露頭で見つけた岩は酢をかけても溶けず、さらにポップコー
ンに似た白い結晶を生成しました。それが、この岩にポップ
コーンロックという商品名がつけられた理由です。さらにバー
ンズ氏は、この岩層が
数百万年前にはサンゴ
礁に囲まれた古代のラ
グーンであったと判断
しました。

ポップコーンというより
白い花のような結晶

小さな小さな結晶は
どれもみんな六角柱

バナジン鉛鉱
～ Vanadinite ～

$Pb_5(VO_4)_3Cl$

分　類　バナジン酸塩鉱物
結晶系　六方晶系
モース硬度　3
産　地　Mibladen, Morocco

化学組成式を見てみると、Pb（鉛）とO（酸素）が含まれています。バナジン鉛鉱は鉛を含む鉱物が酸化してできる二次鉱物だ、ということが式からもわかります。

この石は褐鉛鉱とも呼ばれます。鉱物を集め始めたばかりの人なら標本に添えられたラベルだけを見て、別の鉱物だと思ってしまうこともあるかもしれません。和名、英名は常に両方覚えておくとよいです。私は和名で呼ぶのが好みだったので突然英名で質問されると、一瞬「なんだったっけ？」と戸惑い、頭の中で和名を結びつけてから答えるなんてこともありました。

　和名は、成分のバナジウムから名づけられました。バナジウムは1830年に発見された元素で、北欧の女神 Vanadis に由来します。つまり、間接的に女神の名前がつけられた鉱物というわけです。

　有名な産地はモロッコのミブラーデン。小さな結晶をよく見るとみんな六角柱をしていて、真っ白いうろこのような重晶石にくっついている標本も多く見られます。

重晶石の上のバナジン鉛鉱

水に溶けると毒になる
危険な石

砒
<small>ひ</small>
~ Arsenic ~

分　　　類　元素鉱物
結　晶　系　三方晶系
モース硬度　3.5
産　　　地　福井県福井市赤谷町赤谷鉱山

元素鉱物には、精製されたものや元素と区別するために「自然」という単語をつけることが多く、砒素の鉱物標本もラベルには「自然砒」と書かれています。

　自然砒は塊状、葡萄状、貝殻状で産するのが一般的です。そもそも結晶になること自体が珍しいのですが、一風変わった形に結晶するということで有名なものがあります。通称「金平糖石」。福井県福井市赤谷町にある赤谷鉱山で明治時代に発見されました。

　これは結晶が放射状に集合して球体になったもので、菱面体結晶の角部分がデコボコした金平糖の角のように突出しています。本当に石の金平糖といった見た目です。

自然砒本来の色は錫白色ですが、空気中では酸化され変色して黒くなります。金平糖石は流紋岩が風化した粘土の中に埋まっているのですが、AS_2O_3（三酸化二ヒ素）に変化すると白っぽくなります。全体が白くなっているものもあれば、金平糖石のへこみ部分が白く粉をふいたようになっているものもあります。

　その白い部分が砒華と呼ばれます。方砒素華、方砒素石、砒霜などの別名もあります。

　砒華が水に溶けると亜砒酸を含む猛毒となります。水溶性の毒は舐めると危険です。直に触らない、触ったら必ず手を洗うようにしましょう。

加熱するとぶくぶくと
沸騰したように水気が抜ける

<ruby>沸石<rt>ふっせき</rt></ruby>
~ Zeolite ~

$$Ca(Al_2Si_3)O_{10} \cdot 3H_2O$$

スコレス沸石　Scolecite

分　　類	珪酸塩鉱物
結 晶 系	単斜晶系
モース硬度	5-5.5
産　　地	Nashik, Maharashtra, India

沸石はグループ名で、属する鉱物は50種類以上あります。熱すると水分を失い不透明になりますが構造は変わりません。加熱して水分の抜ける状態が沸騰しているように見えたので沸石と名づけられました。結晶水が抜けた後は空洞になり、有害物質をその孔（あな）に取り込むため、水槽に入れて水質悪化を防いだり、床下に撒いて湿気を防いだり、猫のトイレに混ぜたりなど、さまざまな場面で利用されています。放射性セシウムを吸着する効果もあります。

鉱物標本にも多く随伴しています。よく見かけるものは、インド産の鉱物に随伴している淡い紅色の「束沸石」です。また、左の写真のように細い棒状の結晶が集まっている「スコレス沸石」は、ほうき星のような形をしていてブローチにしたら素敵だなぁといつも思います。

　沸石の中で一番好きなのはモルデン沸石です。インド産のものはオーケン石と共生していることがあり、オーケン石の子どものように見えます。同じくオーケン石によく似たギロル石は触ってみると触感が全く違うので、すぐに判別できます。しかしモルデン沸石は触感もちょっと似ているので慣れないと判別は難しいかもしれません。

モルデン沸石
Nashik, Maharashtra, India

MEMO

淡いグリーンの球体結晶は
まるで葡萄の粒のよう

葡萄石
〜 Prehnite 〜

$$Ca_2Al_2Si_3O_{10}(OH)_2$$

分　　類　珪酸塩鉱物
結 晶 系　斜方（直方）晶系
モース硬度　6-6.5
産　　地　Kayes Region, Mali

英名はオランダ人陸軍大佐 Hendrik Von Prehn にちなんでつけられましたが、和名は球体をした標本の形状を見事に表しているので、じつにわかりやすいです。淡いグリーンの球体結晶はマスカットキャンディーにも見えます。

　でもじつは、和名からはイメージできないようなサンゴ状、板状、棒状、四角いものなど、いろいろな形のものがあります。小粒の球状結晶がたくさん集合した標本は、真夏の空に湧き上がる入道雲のようです。

コロンとした1粒のマスカットみたいな結晶は、マリ産。黒っぽい緑簾石（りょくれんせき）を伴っていることが多くあります。アメリカのニュージャージー州やタンザニアのメレラニ、また日本でも産出されます。

　一番多く流通しているのはインド産のものでしょう。インド産の標本ではオーケン石やギロル石、魚眼石などを随伴しているものが多くあります。オーケン石として販売されている標本の母岩が板状葡萄石であったり、魚眼石標本にコラージュされたかのように添えられていたりします。

淡いグリーンの部分が葡萄石。もふもふした白い球体がオーケン石、白い丸い粒がギロル石、立方体の透明結晶が魚眼石
Maharashtra India

欠けても割れても
欠片の角度は90度

方鉛鉱
〜 Galena 〜

分　　　類	硫化鉱物
結　晶　系	等軸晶系
モース硬度	2.5
産　　　地	Sweetwater Mine, Reynolds County, Missouri, U.S.A.

銀色に輝く鉛と硫黄が化合した金属鉱物です。鉛鉱石として日本でもたくさんの鉛・亜鉛鉱山で産出されていましたが、現在は全ての鉱山が閉山しています。

　方鉛鉱の「方」は四角という意味で、アメリカのミズーリ州にあるスウィートウォーター鉱山のものは、カッターで切り出したような形をしています。実際に劈開（へきかい）は完全で、叩いて割ると細かく砕けた欠片も六面体をしています。完璧に六面体にならず、角が欠けている場合も多くありますが、角の角度はどこも90度。欠けた部分をよく見てみると、小さな階段ができています。

鉱物が自然に決まった形になったものを自形結晶といいますが、方鉛鉱は六面体のほかに、十二面体や八面体になっているものもあります。ペルーやメキシコ産の標本は、十二面体の結晶が集まっているカッコいい形です。青い蛍石で有名な、アメリカのニューメキシコ州ビンガムでは蛍石と共生している標本が多く採れます。透明感のある蛍石と銀色の方鉛鉱のコンビネーションがとても美しいです。

　金属鉱物はどうしても錆びる心配があります。さびると白っぽくなるので、梅雨時は、密封して保管しましょう。

メキシコのゴツゴツ標本　Mina La Ojuela, Mapimi, Durango, Mexico

形のバリエーション豊富で
つい集めたくなる

方解石
ほうかいせき
～ Calcite ～

分　　類　炭酸塩鉱物
結 晶 系　三方晶系
モース硬度　3
産　　地　Elmwood Mine, Tennessee,
　　　　　U.S.A.

鉱物にはそれぞれ特有の結晶の形があります。その中でも方解石はとにかくいろいろな形で産出されます。

イタリアのモンタルト・ディ・カストロでは、乳白色のまんまるい形のものが採れます。母岩が茶色い玄武岩なので、板チョコの上にゼリーを絞りだしたかのようです。この丸い方解石は玄武岩の空洞に生成され、丸い形もルーペで見ると細かな四角い結晶が集合してできていることがわかります。

乳白色の丸い方解石　Montalto di Castro, Viterbo Province, Latium, Italy

左の写真のように犬牙状と呼ばれる両錘形をした結晶もあります。アメリカのテネシー州にあるエルムウッド鉱山で採れるものが世界でもトップランクです。色はオレンジ色（現地の人はゴールドと言っています）で、濃く透明度が高いものほど価値があります。

取引のある海外のどの鉱物業者にも「ベンツマークの方解石」と言えば通じるのは、中国産の方解石です。ちゃんとマークが入っていて、ねじの頭やキノコの傘のようにも見えます。

ベンツマークと呼ばれている方解石　Hunan, China

MEMO

さまざまな形がある方解石ですが、どれも割ると「マッチ箱をつぶしたような」と表現されるゆがんだ六面体になります。角はすべて75度（隣り合う角は105度）です。

ハンマーで割った方解石

方解石には蛍光するものが多く、その中の1つであるかわいらしい淡いピンク色のマンガン方解石は、ブラックライトで鮮やかなピンク色に蛍光します。ピンク色は方解石のカルシウムのうち数%がマンガンに置き換わったための発色です。マンガンは少なくても蛍光しませんが、多すぎてもまた蛍光しません。カルシウムのマンガン置換率はさまざまで、カルシウムよりマンガンが圧倒的に多いものは菱マンガン鉱（146ページ）になり両者の間には固溶体が形成されています。

マンガン方解石（左：通常時、右：ブラックライト照射時）

化学組成は方解石と同じで結晶構造が異なる鉱物に「霰石(あられいし)」があります。もともと霰石として生成した結晶が長い時間をかけて方解石になることもあり、その場合見た目は霰石のままで結晶構造だけが方解石に変化するのです。これを霰石仮晶と呼びます。

方解石ほどではありませんが、霰石にもいろいろな形のものがあります。鍾乳洞にできるサンゴ状のものは山サンゴと呼ばれます。外見は本当にサンゴのようです。

六角柱状の三連双晶が放射状に集合している楽しい形のものがモロッコで採れます。赤茶色は含まれる鉄分による発色です。ほとんどがこの色なのですが時々色が白っぽい

六角柱状の三連双晶が集まった
方解石

ものがあり、これには鉄分が含まれていません。

切り株のような方解石　Castile-La
Mancha, Cuenca, La Pesquera,
Spain

スペインのラ・マンチャ産には、小さな切り株のような標本があります。白と藤色の美しいグラデーションで、表面がキラキラしていてまるで朝露でぬれたかのよう。これは酸でエッジング処理をしているためです。

MEMO

蛍光の色がさまざま
そのわけを考えるのも楽しい

方ソーダ石
〜 Sodalite 〜

自然光下

ブラックライト照射時

$$Na_4Al_3(SiO_4)_3Cl$$

分　　　類	珪酸塩鉱物
結　晶　系	等軸晶系
モース硬度	5.5-6
産　　　地	Greenland

名前は含有するナトリウムの量が多いことから、英語でナトリウムを意味する sodium にちなんでつけられました。構成成分のナトリウムや塩素はほかのイオンと置き換わることがよくあり、含むイオンの種類によっていくつかの鉱物名がつけられて、方ソーダ石グループとされています。このグループには方ソーダ石のほかに藍方石（らんぼうせき）や青金石（せいきんせき）、黝方（ゆうほう）石（せき）が属しています。また、グループの中にはさまざまな亜種もあります。

藍方石は、ドイツのアイフェルで産出するものが最も多く流通しています。大きな結晶になることは珍しく、

ほんの数 mm の結晶でも研磨されてルースとなったものは、サファイアよりも高額の場合があります。宝石としては、青色の濃いほうが価値があるとされています。しかし青色の薄いものはピンクに蛍光する場合が多く、どちらにも捨てがたい魅力があります。

藍方石（Haüyne）　Niedermendig, Mendig, Eifel, Rhineland-Palatinate, Germany

青金石は、英名の発音が同じ天藍石（Lazulite）と混同されがちなので、青金石を主成分とするラピスラズリという名前で扱われているほうが多いようです。和名では瑠璃（るり）という別名もあります。岩絵の具の「瑠璃」の原料でもあり、英語ではウルトラマリンと呼ばれている顔料です。中世にこの顔料で描かれた絵は、今なお色褪（あ）せずに展示されています。フェルメールの絵に使用されている、鮮やかなフェルメール・ブルーもラピスラズリを原料としたものです。

ラピスラズリは、成分としてではなく混入物として黄鉄鉱や方解石を含みます。研磨加工されている場合も多く、球体に整形されたラピスラズリは、黄鉄鉱や方解石によって惑星のよう、卵型のものは夜空を映したオブジェのようです。

卵型に研磨された青金石（Lazurite）　Na₃Ca(Si₃Al₃)O₁₂S／珪酸塩鉱物／等軸晶系など／5-5.5

方ソーダ石には、ブラックライトで鮮やかなオレンジ色に蛍光するものがあります。蛍光色が黄色やオレンジ色の場合、硫黄イオンが関与している場合が多く、方ソーダ石もその亜種であるハックマン石も、蛍光の原因は硫黄イオンと結晶欠陥によります。蛍光色の違いの原因が、何によるものかが推測できるようになると、少し楽しいです。

　ハックマン石の蛍光色はかわいらしいあんず色。また地中にあるハックマン石はライラック色の石なのですが、地上で光にさらされるとすぐに灰色に変色してしまいます。しかし、ブラックライトを照射することで元の色に戻る性質があります。この性質をテネブレッセンス（可逆的光互変性）といいます。蛍光の観察をする前に、ぜひ一度撮影して、ブラックライトを当てた後の色と比較してみてください。

ハックマン石のテネブレッセンス（左：ブラックライトを当てる前、真ん中：ブラックライト照射時、右：ブラックライトを当てた後）

鉱物界No.1の
カラーバリエーション

蛍石
〜 Fluorite 〜

CaF_2

分　　類　　ハロゲン化鉱物
結 晶 系　　等軸晶系
モース硬度　　4
産　　地　　Blanchard Mine, Bingham, Socorro
　　　　　　County, New Mexico, U.S.A.

　一番最初に買った鉱物が蛍石でした。縁日の露店で、道祖神のような大きな紫水晶や、立派な孔雀石などが並ぶ店の隅。アセチレンランプに照らされて、キャンディーのような八面体が小さなお皿に乗せられていました。その中から青いものを１つ買ってもらったのは、もう何十年も昔のことです。

　それ以来、私のコレクションには圧倒的に蛍石が多く、鉱物の販売を始めてからも店に並んだ標本の半数は蛍石であろうと思われます。なぜ蛍石が好きなのかと言えば、その色の豊富さと入手のしやすさです。また、ブラックライトで蛍光するものも多かったり、割って八面体を作ることができたりといろんな楽しみ方ができるからです。

　蛍石という名がつけられた理由は、この石が「蛍のように光る」から。部屋の照明を消し、耐熱の試験管に蛍石を入れたら口をふさいで熱します。パンパンッと砕けたら炎を消します。それを真っ暗いところで観察すると、砕けた蛍石の欠片がぼうっと光るのです。この発光はブラックライトでの蛍光とは原理が異なります。

　「蛍石にはオレンジ以外の全ての色がある」と言われるほどたくさんの色が存在します。なかでも多い色は緑色と紫色。石がさまざまな色になるのは微量に含まれる希土類元素によるものです。

緑色の蛍石というと、イギリスのロジャリー鉱山のものが有名で、自然光に含まれる紫外線でも蛍光が確認できるほど強く光ります。また、スペイン産と南アフリカ産も同じく緑色で美しいです。どちらもブラックライトでさわやかな青色に蛍光します。南アフリカ産が新産鉱物としてミネラルショーに登場した時には、その価格が蛍石にしてはあまりに高額だったことでも有名になりました。南アフリカでは石英の中に蛍石が埋まってしまっていて、掘り出してから、石英部分を酸で溶かして蛍石部分を露出させるという作業が必要でしたが、最近では技術も薬品も進化し、お手頃な価格で入手できるようになりました。また、かつてはとにかく石英を除去しようとしていたようですが、最近はあえて石

緑色の蛍石（上：自然光下、下：ブラックライト照射時）
左：Rogerley, Durham, England、右：Riemvasmaak, South Africa

英の衣を残した標本も多くあります。

人気が高いのは青色でしょう。有名なのはアメリカの
ニューメキシコ州ビンガム産のもの（136ページの写
真）で、透明度はあまり高くなく、すりガラスのような風合
いのある濃い青色が特徴です。劈開も素直で八面体に割られ
たものも多く流通しています。同じアメリカのイリノイ州産
にも美しい青色をしているものがありました。閉山して久し
いため、最近ではほとんど市場から姿を消してしまいました
が、かつては透明度の高い、冷たい青色〜水色のものがたく
さん産出されました。現在は、オールドコレクションカラー
と呼ばれ、コレクターの放出品でしか、これらの色を見るこ
とはできません。またそこでは、青以外にもワインレッドや

黄色などじつに色とりどり
な蛍石が産出されていたの
で、私が幼い頃、縁日で見
たキャンディーのような八
面体は、きっとイリノイ州
産だったに違いないと思っ
ています。最近では中国の
湖南省と福建省の蛍石が私
的おすすめNo.1！　湖南省
のブルーは鮮やかで透明度

劈開を利用して八面体に割られた蛍石

140

が高く、絵の具で言えばロイヤルブルーといったところでしょうか。同じ中国でも福建省のブルーには少し緑味があります。

おすすめの青い蛍石
Hunan Province, China

蛍石で一番少ない色はピンクです。フランス産が有名ですが、きれいなものはとても高価で入手が難しいので、私は小さな欠片で我慢しています。色は薄いのですがペルーや、最近ではモンゴルでも発見されました。モンゴル産のものは劈開を利用して割った八面体のような形ですが、これは自然の形です。

また、中国では頻繁に新産鉱物が見つかっています。数年前に福建省で見つかったタンザナイトカラーの蛍石は立方体を面取りしたような丸い形で多くは犬牙状の方解石を随伴しています。これからの中国の新産も楽しみです。

モンゴル産の八面体の蛍石

白い犬牙状の方解石の上のタンザナイトカラーの蛍石

　蛍石でとくに色が濃いものは光にかざすか、あるいは光を当ててみると楽しい発見があります。

　たとえばナミビア産の蛍石には緑色や赤紫色のものが多くあります。しかし、光にかざすと、別の色が出現します。黄色の上に赤紫が成長していて、見る角度によってとてもシックで美しい色になります。また、緑色のものにも紫や青色が潜んでいて、光を当てることで角だけ紫色になったり、角度によって森に出現した湖のような深い青色を湛えたりします。

　アメリカのオハイオ州では小麦色の立方体結晶の蛍石が採れます。ブラックライトを当てると、表面に一層残して、内側が青白く蛍光します。キャラメルソース入りのキャンディーのようです。

　い ろいろな産地の蛍石を集めていけば自然と自分の好きな色のものが多くなり、さらに追求していくと、無色透明なものに出合いたくなります。じつを言うと蛍石は化学組成式どおりであれば無色なのです。アメリカのニューヨーク州とロシアではアクリルにも負けない、無色透明の美しい結晶が産出されています。

無色透明の蛍石　New York, U.S.A

傷すらつかないと思えば
簡単に割れる不思議な石

らんしょうせき
藍晶石
～ Kyanite ～

分　　　類	珪酸塩鉱物
結　晶　系	三斜晶系
モース硬度	4.5-7
産　　　地	Minas Gerais, Brazil

──→　硬石という別名があり、藍晶石は方向によって硬さ
─→　が大きく異なります。私は小さな試験管に入れるた
めに鉱物を割ることがあるのですが、その際、藍晶石はまず
縦に細く割ってからでないと短く割ることができません。縦
長の結晶を先に半分の長さにしようとしても、傷すらつきま
せん。アクセサリーに加工する場合、薄くすると透明感が増
して美しいので、スライスする方向で割ってみてください。
さらに、縦に細く割れた欠片は鋭い針のようになりますので、
指を刺さないように注意が必要です。

　英名の Kyanite はギリシア語で暗い青色という意味の
Kiános（キアノス）から名づけられました。青色は不純物（化
学組成式には書かれない成分）として微量に含まれる鉄とチ
タンによるものです。本来含まれている Al（アルミニウム）
に置換されて含まれています。

藍晶石には青色のほかに緑色や黒色などのものも存在
します。ブラジルの
黒い標本は細い結晶が末広
がりに集まっていて、黒い
鳥の翼のようです。さらに
中国ではチタンを蒸着させた
メタリックカラーの加工品も
作られています。

黒い翼のような標本と、それにチタン
を蒸着させて加工したもの

MEMO

大地を美しく化粧する
その名の通りの深い青

らんどうこう
藍銅鉱
〜 Azurite 〜

$$Cu_3(CO_3)_2(OH)_2$$

分　　類　炭酸塩鉱物
結 晶 系　単斜晶系
モース硬度　3.5-4
産　　地　Milpillas Mine, Cuitaca, Mun. de
　　　　　Santa Cruz, Sonora, Mexico

藍銅鉱という和名はこの鉱物を完璧に表しています。本書でほかにもいくつか登場している銅の二次鉱物の1つで、色は青です。英名のAzureも紺碧という意味のazureに石という意味のiteをつけてできています。

　銅鉱石を産する鉱床の露頭や地表に近い部分は風化帯とも呼ばれ、雨水や空気による化学変化で生まれたさまざまな銅の二次鉱物で化粧されています。藍銅鉱はその代表的な鉱物で化学組成が近い孔雀石（52ページ）と共に産出されます。

初めて出合う藍銅鉱は、手頃な価格で流通している下の写真のようなボール状の標本が多いでしょう。しかし図鑑には「ガラス光沢」と書かれていて、「全然ガラス光沢じゃないじゃない」と思うかもしれません。じつはこの球はコンクリーションと呼ばれる産状で、堆積物の隙間で鉱物が凝結したものです。中心から結晶が自由に成長したものと異なり、割ってみると中が空洞になっているものもあります。また、藍銅鉱より孔雀石のほうが成分的には安定しているので、藍銅鉱が孔雀石に変化しているものも多くあります。

　藍銅鉱の結晶は透明感がある濃い青色をしています。岩絵の具では群青と呼ばれる色で、光にかざすと美しい青色に輝きます。

ボール状の藍銅鉱

MEMO

砕いても砕いても
欠片はみな菱形に……

菱マンガン鉱
～ Rhodochrosite ～

分　　類　炭酸塩鉱物
結　晶　系　三方晶系
モース硬度　3.5-4
産　　地　Uchucchacua Mine, Oyon Province,
　　　　　Lima Department, Peru

南米で多く産出することからインカローズとも呼ばれ
ている、バラ色が美しい人気の鉱物です。微量に含
まれる不純物によって黄灰色、褐色、ピンク色などにもなり
ます。和名の「菱」は、結晶の形が菱形であることから名づ
けられたと言われていますが、塊状、鍾乳状で産出するほう
が多く、菱形結晶をしているものはあ
まりありません。しかし割ってみると、
どれも完全な劈開により欠片はみな菱
形（少しゆがんだ六面体）になります。
それで、結晶の形ではなく、劈開片の
形から菱という文字が使われたのでは
ないかとも思っています。

劈開片。劈開面も少し
ゆがんだ四角形（菱形）

砕けた欠片がみな少しゆがんだ六面体になるというの
は、方解石の性質として紹介されることが多く、方解
石という名前がその性質を言い表しています。菱マンガン鉱
が同じように割れるのは、方解石グループの鉱物だからです。

　木目のような美しい縞模様の標本も多く流通しています。
これは模様を見せるために切断研磨したものです。

　ウクライナのケルチという町には、菱マンガン鉱化した貝
の化石が採れる沼があると、以前教えてもらったことがあり
ます。しかしまだ残念ながら、販売されているものには出合
えていません。

混じる元素によって
色とりどり

緑柱石
りょくちゅうせき
~ Beryl ~

$Be_3Al_2Si_6O_{18}$

分　　類　珪酸塩鉱物
結 晶 系　六方晶系
モース硬度　7.5-8
産　　地　Nagar Valley, Gilgit-Baltistan,
　　　　　Pakistan

十把一からげで1つの鉱物として扱われている「緑柱石」。この鉱物は、宝石としてはエメラルドやアクアマリン、モルガナイトなどと分類されています。

　その違いは色です。クロムやバナジウムによって緑色のものがエメラルド、マンガンを含んでピンク色のものはモルガナイト。水色や淡い緑色は鉄イオンによる発色です。青系はFe^{2+}（2価の鉄イオン）、緑系はFe^{3+}（3価の鉄イオン）によるもので、その含有の割合によって宝石名も変わってきます。しかし、鉄イオンは加熱によりみな2価となり、水色のアクアマリンに変化します。

アクアマリンはパキスタン産の白雲母とのコラージュのような標本が素敵で、左の写真は一例です。ナミビア産は黒い鉄電気石を随伴しているものが多く、ベトナム産は柱状結晶が一般的で色もほかの産地のものより濃いめです。

　エメラルドと言えばコロンビアですが、透明度の高いものはみな宝石として加工されてしまうため、きれいな原石はあまりありません。運よく柱状結晶の標本に出合ったとしても、とても高額です。

エメラルド　Coscuez Mine, Mun.de Muzo, Vasquez-Yacopí Mining, Boyacá, Colombia

MEMO

とても希少でとても脆い
けれどとても美しい

燐葉石
〜 Phosphophyllite 〜

$$Zn_2Fe(PO_4)_2 \cdot 4H_2O$$

分　類　リン酸塩鉱物
結　晶　系　単斜晶系
モース硬度　3-3.5
産　　地　Unificada Mine, Cerro Rico,
　　　　　Potosi, Bolivia

Phosphophyllite（フォスフォフィライト）という英名は、英語で燐を意味するphosphorusと、ギリシア語で葉っぱを意味するphyllonという単語を合成してつけられました。和名も、英名をそのまま訳した燐葉石です。産出がほとんどなく、美しいものとなるとなかなか出合えません。希少だというと欲しくなるのがコレクターの性。

　物の値段は需要と供給で決まるため、欲しい人が多いのに数が少なければ価格は高くなります。そのため、一般的に硬度が高いほうが価値があるとされる宝石のなかで、燐葉石はとても脆くて壊れやすいにもかかわらず非常に高価な石です。

燐葉石が世界で最初に発見されたのは、ボリビアのポトシにあるセロ・リコ銀山です。色が鮮やかで濃い美しいものが採れましたが、1950年代末には採掘が終了してしまいました。ボリビア以外に、オーストラリア、アメリカ、ドイツ、ザンビアなどでも見つかっていますが、ボリビア産より小さく色も薄いものばかりです。

　現在、販売されている燐葉石には無色から淡い青色、青緑色などがあります。その中では原産地ボリビアで採掘されたものに近い、青みがかった爽やかな緑色のものが最高品質とされています。

　柔らかいためカットには非常に高い技術が必要なので、研磨されたルースは原石以上に高価なものになっています。

鉱物を知るための
基本用語集

各用語の一般的な意味ではなく、
あくまでも本書において鉱物に関して使っている
意味を説明しています。

《 **イオン** 》

原子の種類によって、その原子が持つ電子の数は決まっている。電子の過剰あるいは欠損により電荷を帯びた原子をイオンという。電子はマイナスの電荷を持つため、たとえば電子が1つ欠損するとプラス1価のイオンとなる。

《 **イオン価数** 》

原子がいくつの電子の過剰あるいは欠損をしているかを表した数字。たとえば電子を2つ過剰に得た酸素原子は O^{2-} と表記し、イオン価数はマイナスとなる。

《 **異質晶洞** 》
（いしつしょうどう）

岩石の中にできた空洞のうち、

正確には殻を作る鉱物が周囲の岩石と異なる場合のみ異質晶洞（geode）という。しかし実際には、殻を作る鉱物が同じ場合を指す晶洞（druse）と混同して使われることが少なくない。

《 **岩石** 》
（がんせき）

自然的原因による起源をもつ数種あるいは一種類の鉱物や準鉱物の集合体。

《 **基底** 》
（きてい）

原子の安定した状態。原子が持つエネルギーは最も低い。

《 **クラック** 》

鉱物が成長する過程で、地殻変動などによる強力なエネル

ギーが加わることで発生する亀裂のこと。透明度が高い結晶では、クラックが虹色に輝くことがある。

《　蛍光 (けいこう)　》

ブラックライトを照射した際、元の色とは別の色を呈すること。ブラックライトの高エネルギーを受け取ることで励起という不安定な状態になった鉱物の原子が、安定状態に戻る際にエネルギーを放出する。これが可視光として放出された際に蛍光となる。

《　系列名 (けいれつめい)　》

鉱物には「雲母」や「電気石」といったグループがある。その中に金雲母や鉄雲母などといった鉱物種が属している。金雲母と鉄雲母には中間組成の固溶体も存在し、それは鉄雲母と呼ばれるが、独立した種とはみなされない。こうした中間組成の鉱物につけられた名前が系列名である。上記の例では、鉄雲母が系列名にあたる。

《　元素 (げんそ)　》

化学物質を構成する基礎的な成分（要素）を指す概念。

《　鉱石 (こうせき)　》

人間の経済活動にとって有用な資源となる鉱物、またはそれを含有する岩石のこと。おもに金属を採るための鉱物で、金属によって鉄鉱石、錫 (すず)鉱石などと呼ばれる。

《　鉱物 (こうぶつ)　》

天然に生成された無機物質で、化学組成が一定で結晶構造を有するもの。生物に起因する物質は含まれない。

《　固溶体 (こようたい)　》

鉱物は元素の組み合わせでできているが、実際には化学組成式に書かれない元素も含まれる。AとBの両方の成分をいろいろな割合で含むものも多く、A、Bは端成分と呼ばれる。Aを50%以上含むものとBを50%以上含むものは、それぞれ別の鉱物名がつけられているが、両者の間にはA

154

とBの両方を含んでいるものが存在し、それらを固溶体という。

《　自形結晶　》

鉱物にはそれ特有の結晶形態があり、自形という。それが明瞭な結晶を自形結晶という。

《　樹脂加工　》

トルコ石や翡翠、エメラルドなどに対して、脆さの補強や、クラックを見えなくするために樹脂を染み込ませる加工。樹脂含浸処理ともいう。

《　シュツルンツ分類　》

ドイツの鉱物学者カール・フーゴ・シュツルンツが提唱した化学組成に基づく鉱物の分類法。鉱物の組成、とくに陰イオンに基づいて、元素鉱物、硫化鉱物など、10の族に分類している。

《　条線　》

鉱物の結晶面に発達している平行な多数の筋。

《　晶洞　》

岩石の中にできた空洞のことで、空洞の壁は鉱物の殻で囲まれている。厳密には殻を作る鉱物と周囲の岩石が同じ場合のみ晶洞と呼ぶ。

《　晶癖　》

同種の結晶において、生成環境によっては結晶面の組み合わせが同じでも各結晶面の成長速度が異なり、外形が変化すること。

《　随伴　》

共存、共生と同義。1つの標本に複数の鉱物が共存している時、メインとなる鉱物から見てほかの鉱物を「随伴する」と使う。

《　双晶　》

2つ以上の同種の単結晶が、ある一定の角度で規則性を持って接合したもの。三連双晶、集片双晶、貫入双晶などがある。

《　多形（同質異像）　》

化学組成（成分）は同じだが結晶構造が異なる複数の結晶形の鉱物となっていること。

《　二次鉱物　》

鉱物が初めに晶出したのち、地表水、地下水などによって化学変化を起こして最初とは異なる鉱物になったもの。

《　非晶質　》

固体の中で、原子が秩序を持って整列しているものを結晶、そうでないものを非晶質という。蛋白石やガラスなどが非晶質である。

《　分離結晶　》

本来は母岩から成長した結晶が母岩からはずされ、結晶だけになったもの。

《　劈開　》

結晶がある特定方向に割れやすいという性質のこと。「〇方向に完全」「明瞭」「なし」などと使われる。

《　宝石　》

希少性が高く美しい外観を有する固形物のこと。鉱物の中で宝石として価値を認められているものは宝石鉱物という。

《　母岩　》

鉱物の結晶が育つ元となる鉱物・岩石。母岩から生えているように成長している結晶もあれば、母岩に埋もれている場合もある。

《　融点　》

物質が固体から液体になる温度。

《　稜線　》

本来は山の尾根のこと。鉱物では結晶の面と面が接する縁のこと。

《　励起　》

基底より原子が持つエネルギーが高い状態。基底以外の状態。

元素周期表

族\周期	1	2	3	4	5	6	7	8	9
1	1 **H** 水素 1.008								
2	3 **Li** リチウム 6.941	4 **Be** ベリリウム 9.012							
3	11 **Na** ナトリウム 22.99	12 **Mg** マグネシウム 24.31							
4	19 **K** カリウム 39.10	20 **Ca** カルシウム 40.08	21 **Sc** スカンジウム 44.96	22 **Ti** チタン 47.87	23 **V** バナジウム 50.94	24 **Cr** クロム 52.00	25 **Mn** マンガン 54.94	26 **Fe** 鉄 55.85	27 **Co** コバルト 58.93
5	37 **Rb** ルビジウム 85.47	38 **Sr** ストロンチウム 87.62	39 **Y** イットリウム 88.91	40 **Zr** ジルコニウム 91.22	41 **Nb** ニオブ 92.91	42 **Mo** モリブデン 95.95	43 **Tc** テクネチウム [99]	44 **Rh** ルテニウム 101.1	45 **Rh** ロジウム 102.9
6	55 **Cs** セシウム 132.9	56 **Ba** バリウム 137.3	※1	72 **Hf** ハフニウム 178.5	73 **Ta** タンタル 180.9	74 **W** タングステン 183.8	75 **Re** レニウム 186.2	76 **Os** オスミウム 190.2	77 **Ir** イリジウム 192.2
7	87 **Fr** フランシウム [223]	88 **Ra** ラジウム [226]	※2	104 **Rf** ラザホージウム [267]	105 **Db** ドブニウム [268]	106 **Sg** シーボーギウム [271]	107 **Bh** ボーリウム [272]	108 **Hs** ハッシウム [277]	109 **Mt** マイトネリウム [276]

※1 ランタノイド系	57 **La** ランタン 138.9	58 **Ce** セリウム 140.1	59 **Pr** プラセオジム 140.9	60 **Nd** ネオジム 144.2	61 **Pm** プロメチウム [145]	62 **Sm** サマリウム 150.4
※2 アクチノイド系	89 **Ac** アクチニウム [227]	90 **Th** トリウム 232.0	91 **Pa** プロトアクチニウム 231.0	92 **U** ウラン 238.0	93 **Np** ネプツニウム [237]	94 **Pu** プルトニウム [239]

原子番号　元素記号
元素名
原子量または［放射性同位体の質量数の一例］

■ 非金属的性質を持つ　　　　　　緑：室温で気体
□ 非金属と金属の中間的性質を持つ　紫：室温で液体
■ 金属的性質を持つ　　　　　　　茶：室温で固体

10	11	12	13	14	15	16	17	18	族／周期
								2　He ヘリウム 4.003	1
			5　B 硼(ホウ)素 10.81	6　C 炭素 12.01	7　N 窒素 14.01	8　O 酸素 16.00	9　F 弗(フッ)素 19.00	10　Ne ネオン 20.18	2
			13　Al アルミニウム 26.98	14　Si 珪(ケイ)素 28.09	15　P 燐(リン) 30.97	16　S 硫黄 32.07	17　Cl 塩素 35.45	18　Ar アルゴン 39.95	3
28　Ni ニッケル 58.69	29　Cu 銅 63.55	30　Zn 亜鉛 65.38	31　Ga ガリウム 69.72	32　Ge ゲルマニウム 72.63	33　As 砒(ヒ)素 74.92	34　Se セレン 78.97	35　Br 臭素 79.90	36　Kr クリプトン 83.80	4
46　Pd パラジウム 106.4	47　Ag 銀 107.9	48　Cd カドミウム 112.4	49　In インジウム 114.8	50　Sn 錫(スズ) 118.7	51　Sb アンチモン 121.8	52　Te テルル 127.6	53　I 沃(ヨウ)素 126.9	54　Xe キセノン 131.3	5
78　Pt 白金(プラチナ) 195.1	79　Au 金 197.0	80　Hg 水銀 200.6	81　Tl タリウム 204.4	82　Pb 鉛 207.2	83　Bi ビスマス 209.0	84　Po ポロニウム [210]	85　At アスタチン [210]	86　Rn ラドン [222]	6
110　Ds ダームスタチウム [281]	111　Rg レントゲニウム [280]	112　Cn コペルニシウム [285]	113　Nh ニホニウム [278]	114　Fl フレロビウム [289]	115　Mc モスコビウム [289]	116　Lv リバモリウム [293]	117　Ts テネシン [293]	118　Og オガネソン [294]	7

63　Eu ユウロピウム 152.0	64　Gd ガドリニウム 157.3	65　Tb テルビウム 158.9	66　Dy ジスプロシウム 162.5	67　Ho ホルミウム 164.9	68　Er エルビウム 167.3	69　Tm ツリウム 168.9	70　Yb イッテルビウム 173.0	71　Lu ルテチウム 175.0
95　Am アメリシウム [243]	96　Cm キュリウム [247]	97　Bk バークリウム [247]	98　Cf カリホルニウム [252]	99　Es アインスタイニウム [252]	100　Fm フェルミウム [257]	101　Md メンデレビウム [258]	102　No ノーベリウム [259]	103　Lr ローレンシウム [262]

※日本化学会 原子量専門委員会「4桁の原子量表（2020）」に依拠

《 おもな参考書籍 》

『愛蔵版　楽しい鉱物図鑑』堀秀道 著、門馬綱一 監修（草思社）

鉱物に関する知識の多くは、著者が標本を仕入れる際に業者との会話の中で得たものです。以下参考として主要なミネラルショー、ミネラルフェアを紹介します。

海外のミネラルショー

- ・ツーソン・ショー　　　　アメリカ、1月下旬〜
- ・サンマリー・ショー　　　フランス、6月下旬
- ・デンバー・ショー　　　　アメリカ、9月中旬
- ・ミュンヘン・ショー　　　ドイツ、11月上旬

日本のミネラルショー

- ・Mineral the World　　　https://www.mineraltheworld.com/
- ・石ふしぎ大発見展　　　　http://www.mineralshow.jp/
- ・東京国際ミネラルフェア　http://tima.co.jp/
- ・名古屋ミネラルショー　　https://www.nagoyamineral.com/
- ・さっぽろミネラルショー　http://www.sapporo-mineralshow.com/
- ・ミネラルフェスタ　　　　http://mineralfesta.info/
- ・東京ミネラルショー　　　http://www.tokyomineralshow.com/

《　　　クレジット　　　》

装丁：廣田 萌（文京図案室）

写真：大関 敦（株式会社 ウィロー）
　　　科学コミュニケーション研究所〈モバイル顕微鏡による写真〉
　　　さとうかよこ

撮影協力：K'z Mineral
　　　　　株式会社 東京サイエンス（https://www.tokyo-science.co.jp/）
　　　　　株式会社 クリスタル・ワールド（http://www.crystalworld.jp/）
　　　　　ホリミネラロジー株式会社（http://www.hori.co.jp/）
　　　　　ドリームストーンコレクション

表紙線画：ルーチカ

本文デザイン：大槻 亜衣（クリエイティブ・スイート）

編集・構成・DTP：株式会社 クリエイティブ・スイート

編集統括：川﨑 優子（株式会社 廣済堂出版）

─── この本を手に取ってくださったみなさま ───

「いい石」とは高価な石でも希少な石でもなく、「自分が好きな石」です。これからみなさまは、いろいろな石に出合うことでしょう。みなさまが最高に大好きな石に出合うための小さなお手伝いができるのであれば幸いです。

著者略歴

さとうかよこ

鉱物標本やオリジナル理科雑貨のショップ「きらら舎」オーナー。「昔の理科室の匂いのする、ちょっと不思議でちょっと懐かしいもの」をコンセプトに、守備範囲は鉱物からクラゲまで幅広い。鉱物に自由に触れたり撮影したりできるカフェ、発光実験や万華鏡づくりなどの理科系ワークショップも開いている。小学校教諭の経験があり、実験を楽しく誘導するのが得意。著書に『鉱物のお菓子 琥珀糖と洋菓子と鉱物ドリンクのレシピ』(玄光社)、『標本BOOK』(日東書院本社)、『世界一楽しい遊べる鉱物図鑑』(東京書店)、『鉱物レシピ 結晶づくりと遊びかた』(グラフィック社)などがある。

きらら舎　https://kirara-sha.com/

鉱物きらら手帖

2020年8月25日　第1版第1刷

著　者	さとうかよこ
発行者	後藤 高志
発行所	株式会社 廣済堂出版

〒101-0052　東京都千代田区神田小川町2-3-13
　　　　　　M&Cビル7F
TEL　　03-6703-0964(編集)
　　　　03-6703-0962(販売)
FAX　　03-6703-0963(販売)
https://www.kosaido-pub.co.jp
振替 00180-0-164137

印刷・製本　株式会社 廣済堂